LES

TUBERCULES RADICAUX

DES LÉGUMINEUSES

PAR

Paul VUILLEMIN

CHEF DES TRAVAUX D'HISTOIRE NATURELLE A LA FACULTÉ DE MÉDECINE DE NANCY

Extrait des *Annales de la Science agronomique française et étrangère*
Tome I, 1888

NANCY

IMPRIMERIE BERGER-LEVRAULT ET Cie

11, rue Jean-Lamour, 11

1888

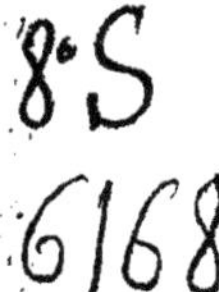

NANCY. — IMPRIMERIE BERGER-LEVRAULT ET Cie.

LES

TUBERCULES RADICAUX

DES LÉGUMINEUSES

PAR

Paul VUILLEMIN

CHEF DES TRAVAUX D'HISTOIRE NATURELLE A LA FACULTÉ DE MÉDECINE DE NANCY

———

Extrait des *Annales de la Science agronomique française et étrangère*
Tome I, 1888

———

NANCY

IMPRIMERIE BERGER-LEVRAULT ET Cⁱᵉ

11, rue Jean-Lamour, 11

—

1888

LES
TUBERCULES RADICAUX

DES LÉGUMINEUSES

C'est un fait bien connu des agriculteurs que les Légumineuses n'ont pas, à l'égard de la nature chimique du sol et notamment de sa richesse en principes azotés, les mêmes exigences que la plupart des plantes cultivées. On sait, en effet, que plusieurs d'entre elles prennent un vigoureux développement dans des terres trop pauvres en nitrates pour nourrir des céréales. On a été conduit à supposer que les espèces de cette famille ont la propriété de fixer, soit l'azote libre de l'air, soit des composés azotés qui ne sauraient servir d'aliment à la plupart des plantes.

Une fonction aussi insolite ne paraissant pas devoir s'exercer par les organes vulgaires de végétation, l'attention des observateurs s'est portée sur les petits tubercules qui se montrent généralement sur les racines des Légumineuses, et l'on s'est demandé si ces organes, qui paraissent sans analogie dans le règne végétal, ne sont pas en rapport avec ces conditions exceptionnelles de nutrition. Il nous a paru utile de grouper les résultats des nombreuses observations publiées au sujet de ces tubercules et d'examiner si leur constitution intime et les circonstances dans lesquelles ils apparaissent et se multiplient sont conciliables avec les hypothèses émises au sujet de leur rôle.

Caractères extérieurs.

Forme. — Les tubercules radicaux sont des excroissances charnues assez variables d'aspect. Pourtant, comme l'a déjà remarqué Eriksson ([23]), leur forme, qui peut différer beaucoup dans des espèces voisines, est assez constante chez les représentants d'une même espèce. Les principaux types ont été bien décrits par cet auteur et par un grand nombre d'autres, particulièrement par Tschirch ([67]). Tantôt les tubercules sont simples et sphériques (*Lotus, Anthyllis, Phaseolus, Ornithopus*), ovoïdes (*Trifolium, Hedysarum*), elliptiques (plusieurs *Lathyrus*), ovoïdes allongés (*Sophora*), coniques (*Caragana*), digités à des degrés divers. Eriksson cite plus de trente espèces où la ramification est rare et toujours peu compliquée, tandis qu'ailleurs elle est copieuse et frappe à peu près tous les renflements. La plupart des *Vicia* sont dans ce dernier cas ; le *Vicia hirsuta* se distingue par la richesse des dichotomies de son extrémité et il n'est pas rare d'en trouver des plants très grêles dont la racine porte sur son chevelu capillaire des corps charnus, bifurqués maintes fois et entortillés de manière à former une boule caverneuse, grosse comme le bout du doigt. Les formations tuberculeuses du *Medicago sativa* se compliquent aussi au point de devenir coralloïdes.

Il ne faut pas oublier toutefois que ces ramifications sont assez tardives. Tschirch ([68]) paraît même disposé à admettre, du moins pour le *Vicia sepium,* que les digitations n'apparaîtraient que par une nouvelle végétation du méristème, après que le tubercule primitif, simple, se serait vidé à la fin d'une première période végétative. Dans bien des espèces le sommet se bifurque de bonne heure, alors que la base peu développée est encore gorgée de matériaux nutritifs. Eriksson parle même de tubercules divisés avant d'avoir fait éruption hors des tissus de la racine mère; mais il s'agit certainement de radicelles concrescentes.

Les tubercules du lupin forment un type aberrant; Tschirch ([67]) a beaucoup insisté sur ce point. Ce sont des tuméfactions développées surtout au collet, irrégulières, unilatérales au début, formant plus tard un revêtement complet autour du corps radical. Poiteau ([52] pl. xv, fig. A) a figuré il y a longtemps sur l'*Arachis hypogea* des excroissances fortement élargies à la base et embrassant une partie de la racine mère, sans prendre toutefois la forme semi-annulaire qui est propre aux lupins. Tschirch déclare que c'est la seule espèce où il ait trouvé une apparence approchant de celle des lupins.

Cornu ([17]) mentionne les propriétés morphologiques qui permettent de distinguer à première vue les organes chargés de tubercules des Papilionacées des racines de vigne attaquées par le *Phylloxera*. Il remarque à ce sujet que les tubercules radicaux ne présentent jamais les courbures en crochet si caractéristiques des tumeurs provoquées par l'insecte. Pourtant F. Schindler ([56]) a rencontré sur les racines d'ordre élevé, dans les cultures effectuées dans l'eau bouillie ou dans la terre calcinée, des excroissances spéciales, n'ayant d'ailleurs rien de commun avec les tubercules, qui déterminaient à leur niveau des incurvations, voire même un entortillement des racines. Des exemplaires de terre libre de *Trifolium pratense, Phaseolus vulgaris* et *Ornithopus sativus* lui ont offert des déformations analogues. Cornu ajoute que les renflements des Légumineuses sont toujours « sessiles, c'est-à-dire qu'ils reposent directement par leur base élargie sur la racine qui leur donne naissance ». Cette distinction est un peu absolue ; les tubercules ovoïdes sont souvent rétrécis d'une façon notable ; mais les types digités des *Vicia,* par exemple, ont souvent leur base atténuée en une région filamenteuse mesurant plusieurs millimètres. Tschirch ([67]) a vu aussi chez le *Robinia* des radicelles atteignant plusieurs centimètres de long et pourvues d'un pédicelle aboutissant à une masse principale aplatie, souvent lobée.

D'autre part, des radicelles ordinaires, dans beaucoup de Légumineuses (*Galega officinalis, Lupinus polyphyllus,* etc.), très étroites à la base, présentent une dilatation progressive qui n'en fait pas des tubercules proprement dits, mais qui pourtant doit leur faire trouver place à côté des organes renflés, d'autant plus que la structure présente certains points de contact avec celle de ces derniers. Elles y sont surtout reliées par le type spécial indiqué plus haut d'après Schindler et dans lequel l'hypertrophie porte exclusivement sur l'écorce volumineuse qui entoure le mince cordon conducteur. Van Tieghem et Douliot ([22]) ont également signalé des racines tubéreuses dans lesquelles le siège de la dilatation est le parenchyme extérieur.

Les racines des Légumineuses présentent aussi des dilatations d'une autre nature que l'on ne confondra pas avec les tubercules normaux. Cornu ([16] et [17]) rencontra, en janvier 1874, dans une prairie sablonneuse au bord de la Loire, à Châteauneuf (Loiret), des racines de sainfoin qui, à côté des tubercules normaux, présentaient des nodosités non plus latérales, mais intercalaires, irrégulièrement bosselées, produites par une espèce d'anguillule qui paraît nouvelle et qu'il nomma *Anguillula Marioni*. Il a donné de ces galles et de leurs habitants une description complète et d'excellents dessins coloriés dans son grand Mémoire sur le *Phylloxera* ([17], pl. x).

Couleur. — La coloration des tubercules est la même que celle des racines. Blanchâtre au début, elle prend, par suite d'une subérisation plus ou moins étendue, une teinte brune analogue à celle des feuilles mortes. Le liège est peu développé au sommet, tandis qu'il entoure les deux tiers inférieurs du renflement d'une gaîne puissante. Cette dernière résiste aux agents destructeurs et forme une sorte de cupule brunâtre, qui persiste comme dernier vestige des tubercules épuisés et mortifiés sur les racines des espèces vivaces. La subérisation se localise parfois à des bandes longitudinales séparées par des bandes incolores (*Dorycnium herbaceum*). Cornu ([17]) a remarqué à la base une coloration grise, tirant sur le violet, le brun ou le vert, bien que le sommet restât pâle, ou rosé, ou teinté de jaune peu intense. Nous avons observé des *Vicia hirsuta* dont les tubercules jeunes avaient une teinte rouge-brique très accusée. L'extrémité libre est fréquemment translucide ; elle se distingue surtout par son aspect farineux qui d'ailleurs se retrouve au début dans toute la périphérie. Cette apparence furfuracée est due à ce que l'écorce de la racine mère s'accroît avec le tubercule et l'entoure d'une poche complète et persistante. Les tissus de la poche distendus par le jeune tubercule se cloisonnent parallèlement à la surface irritante constituée par ce dernier et les cellules les plus extérieures se mortifient. Elles ressemblent à cette couche pulvérulente qui s'observe souvent sur une tige, au point d'où se sont détachés récemment des rameaux ou des feuilles caduques.

Répartition.

Influence de la nature spécifique. — La présence des tubercules est assez constante chez les Papilionacées pour que certains phytographes l'aient mentionnée comme caractère de famille. Ainsi Decaisne et Lemaoust ([20]) font suivre la diagnose des Papilionacées de cette remarque : « Radicelles souvent couvertes de petites excroissances tubériformes. » Wydler ([81]), O. Lohrer ([40]), indiquent également ces renflements comme caractéristiques de la famille.

Tréviranus ([64]) et après lui de Vries ([70]) les nient dans les genres *Astragalus*, *Scorpiurus*, *Genista*. Pourtant Cornu ([17]) les a signalés chez le *Genista hispanica* et Frank ([24]) chez le *Genista germanica*. Nous les avons vus sur d'autres genêts, tels que le *Genista tinctoria*, sur le *Sarothamnus scoparius*, où Tschirch ([67]) les mentionne également. Nous en avons aussi trouvé chez des *Astragalus*. Eriksson ([23]) déclare que l'*Arachis hypogea* est la seule espèce qui lui ait paru en être dépourvue ; il n'en avait au reste examiné qu'un seul exemplaire. Mais Poiteau ([52]) les avait déjà figurés sur cette même plante. Frank ([24]) assure ne les avoir jamais cherchés en vain dans de nombreux genres de Papilionacées. Les échantillons d'herbier lui ont montré, ainsi qu'à Brunchorst ([9]), que les espèces exotiques n'en sont pas plus exemptes et il ne croit pas que le climat, l'altitude ou la nature géognostique du terrain aient la moindre influence sur leur production. Tréviranus ([64]) avait déjà observé que les tubercules existent chez les espèces annuelles comme chez les espèces vivaces. Cornu ([17]), Brunchorst ([9]), ont signalé aussi la présence des tubercules chez de nombreuses Cæsalpiniées et Mimosées. Prillieux ([52]) parle de ceux de l'*Acacia berteriana*.

Influence des conditions de culture. — Les conditions de culture influent beaucoup plus que la nature de l'espèce sur la présence ou l'absence des tubercules. Toutefois elles n'agissent pas avec une égale intensité sur toutes les Légumineuses. Certaines espèces sont fréquemment privées de ces organes, tandis qu'il faut des conditions de milieu tout à fait anomales pour en empêcher la production chez d'autres. Parmi les premières, il faut citer tout d'abord l'*Ornithopus sativus,* Brot. Sur l'autorité d'A. P. de Candolle ([12]), la plupart des auteurs ont vu dans l'absence de tubercules radicaux une des principales différences entre cette plante et l'*Ornithopus perpusillus,* dont elle n'est même, pour l'auteur du *Prodrome,* que la var. β. Et en effet les tubercules des *Ornithopus perpusillus* appartenant aux autres variétés, dont l'une est même désignée sous le nom de *nodosus,* sont faciles à observer; ils ont même été figurés dès le XVIe siècle dans l'*Histoire des plantes* de Daléchamp. Tréviranus ([64]) confirme l'opinion de de Candolle et ajoute une observation dont nous devons tenir compte au sujet des théories parasitaires émises sur l'origine des tubercules : c'est que la même différence existait entre des *Ornithopus sativus* et *perpusillus* cultivés côte à côte dans le même sol et dans des conditions identiques. Schindler ([57]) fut d'abord tenté de se ranger au même avis, car les recherches auxquelles il s'était livré sur des plants d'*Ornithopus sativus* cultivés au jardin de recherches de Vienne avaient été négatives. Mais Schultz-Lupitz ([59]) l'amena à changer d'opinion en lui communiquant des observations d'où il résulte que l'*Ornithopus sativus* est privé ou pourvu de tubercules radicaux, suivant la nature du terrain où on le cultive [1].

On peut provoquer une absence totale ou relative de tubercules chez des espèces qui, dans la nature, en sont habituellement munies. Dans les sols très riches en azote, les tubercules font plus ou moins complètement défaut. Cette relation, déjà indiquée par de Vries ([55]), a été mise nettement en lumière par les recherches et les statistiques soignées de Schindler ([56]). Il constata toujours que les tubercules étaient plus nombreux et plus gros dans les exemplaires cultivés en pots dans une terre pauvre en azote que dans ceux qui avaient été semés, toutes choses égales d'ailleurs, dans un riche terreau. De plus, les tubercules abondants dans un sol inculte devinrent très rares, après que la terre eut été fumée.

Nous devons aussi à Hellriegel ([32]) de remarquables observations dans le même ordre de faits. Après avoir établi que le développement des Graminées paraît directement lié à la quantité d'acide

---

1. Les exemplaires d'*Ornithopus sativus* et d'*Arachis hypogea* cultivés dans un sol calcaire et richement fumé à l'École d'agriculture de Montpellier nous ont aussi paru à peu près exempts de tubercules.

nitrique qui existe primitivement dans le sol ou qui s'y forme pendant la saison de végétation aux dépens du carbonate de chaux et d'un sel ammoniacal, ou d'une autre matière azotée convenable, telle que gélatine, corne pulvérisée, etc., il a pu obtenir pour les Papilionacées une végétation tout à fait normale et luxuriante dans un sol pauvre en azote. Seulement la végétation des pois dans un tel sol offre, d'une manière constante et évidente, deux périodes nettement séparées. Tant que dure la semence, la plante croît régulièrement et a sa coloration normale. Dès que les matières de réserve sont épuisées, il y a un changement assez brusque : la croissance s'arrête ; les feuilles deviennent pâles, souvent jaunes ; la plante est visiblement affamée. Après un temps plus ou moins long, nouvelle modification : les feuilles qui avaient pâli ou jauni reprennent leur belle couleur verte ; une deuxième période de développement commence et se continue dès lors jusqu'à la maturité.

Hellriegel trouva que, pendant la phase d'inanition, le pivot et les racines latérales étaient bien développés et sains jusqu'au cœur, mais ne possédaient aucune racine tuberculeuse ou seulement de toutes petites, tandis que les racines des plantes bien vertes et bien développées étaient munies de ces nodosités, d'autant plus nombreuses et plus fortes que la plante était plus vigoureuse. Il semble résulter de là que, du moins dans les espèces à cotylédons très charnus, il existe un rapport direct entre le développement des tubercules et la croissance de la plante dans un sol pauvre en azote.

Chez d'autres Papilionacées les renflements sont bien plus précoces, car nous en avons rencontré un grand nombre sur le pivot de plantules de *Melilotus officinalis* qui n'avaient pas encore épanoui d'autres feuilles que les cotylédons. Mais il s'agissait d'individus germés dans une terre assez pauvre, tandis que les nombreuses espèces que nous avons prises dans des semis sur couche en étaient plus longtemps dépourvues.

Benecke ([1]) a trouvé des tubercules bien conformés sur des plantes cultivées dans la sciure.

Les Papilionacées cultivées dans l'eau en sont souvent privées. Kny ([34]) croyait même que les nodosités ne se produisent jamais dans ce milieu et, considérant le développement luxuriant des racines et la belle santé des plants de *Phaseolus vulgaris, Ph. multiflorus, Pisum sativum* obtenus dans de telles conditions, il en concluait que ces excroissances ne résultent pas d'un processus normal de végétation, mais qu'elles sont probablement produites par un parasite qui trouverait dans la terre et non dans le milieu liquide les conditions favorables à sa pénétration.

Frank [24] de son côté observe que toutes les Papilionacées ne se développent pas également bien dans l'eau. Ainsi les lupins ne tardent pas à y périr ; les pois y acquièrent une taille normale. Il est vrai, ajoute Frank, que dans ces conditions maints individus ne forment point de tubercules ou plutôt n'en possèdent pas encore à un âge où les exemplaires végétant dans la terre en présentent déjà. Mais on trouve, notamment dans les cultures dans l'eau, sur les vieilles plantes qui ont formé un puissant appareil radical, des tubercules de toute beauté. Frank invoque aussi le témoignage du professeur Schenk [55] qui a obtenu des résultats identiques. Prillieux [53] arrivait aussi à la même conclusion. Kny [35] ne tarda pas à se ranger à cette opinion, tout en constatant que les causes de ces variations étaient loin d'être élucidées. Le grand âge des plantes n'est pas, comme le croit Frank, un sûr garant de l'apparition des nodosités : Kny a pu conserver trois ans un pied de *Phaseolus multiflorus,* sans qu'il s'y formât un seul tubercule.

Rautenberg et Kühn [37] avaient depuis longtemps été amenés par des cultures de *Vicia Faba,* à admettre que, dans l'eau comme dans la terre, la production des tubercules était inversement proportionnelle à la richesse du milieu en azote. H. de Vries [70] fit au cours des étés de 1875 et 1876 de nombreuses cultures de trèfle rouge dans des solutions très riches en principes azotés et obtint ainsi un certain nombre d'individus qui parvinrent au terme normal de la formation des fleurs et des fruits et parmi lesquels cinq individus étaient absolument dépourvus de tubercules, et un sixème n'en offrait que des traces. Au contraire, quelques exemplaires chétifs obtenus dans l'eau pauvre en principes azotés donnèrent de nombreux renflements bien conformés. Des cultures dans l'eau de *Trifolium pratense* et de *Vicia villosa* permirent à F. Schindler [36] de confirmer les résultats de de Vries. Il ne put *jamais* observer de tubercules

dans les solutions riches en azote, tandis que ces organes se produi-
saient régulièrement en l'absence de ce corps. Il y aurait, d'après
Schindler, une concordance parfaite à ce point de vue entre les cultures dans l'eau et les cultures en terre. Pourtant, en poursuivant
ses recherches, l'auteur arrive, dans un nouveau Mémoire ([57]), à des
conclusions moins absolues. « Mes cultures dans l'eau, dit-il, poursui-
vies durant trois années avec *Trifolium pratense, Vicia villosa,
Anthyllis Vulneraria, Ornithopus sativus* et *Phaseolus vulgaris*,
m'ont amené à admettre que l'apparition des tubercules radicaux
dans les solutions nutritives aqueuses est très inconstante et très
irrégulière. En général les solutions riches en azote paraissent moins
favoriser la formation des renflements que les solutions pauvres.
Pourtant je ne saurais me prononcer rigoureusement sur cette question... Les trèfles rouges et les vesces velues les portaient plus
abondants dans les solutions pauvres, mais pas toujours. Le développement le plus régulier et le plus précoce fut observé sur des
exemplaires témoins cultivés dans l'eau de source. D'autre part, les
tubercules furent observés çà et là dans des solutions riches en
azote. »

Schindler avait remarqué aussi ([56]) une concordance habituelle
entre le développement des tubercules et la puissance du travail
d'assimilation. C'est ainsi que l'on constate une diminution dans le
nombre et la dimension des tubercules, si l'on entrave le fonction-
nement de la chlorophylle en soustrayant les feuilles à la radiation.
L'excès d'azote influerait peut-être simplement en modifiant la santé
générale et en plaçant l'individu tout entier dans des conditions
défavorables à la formation régulière de tous ses organes. F. Benecke ([1]) a signalé un fait assez conforme à cette interprétation. Il
retrancha à des racines de *Vicia Faba,* par une section longitudinale,
une moitié de la pointe. La portion excisée fut régénérée par la plante
cultivée dans l'eau ; mais les tubercules ne se formèrent qu'après la
cicatrisation et dans la partie qui ne montrait plus aucune trace de
lésion.

Influence des êtres organisés. — Une autre condition paraît requise
pour que les tubercules apparaissent : c'est que le substratum solide
ou liquide renferme certains microorganismes. Frank ([24]) sema des

pois dans un pot de fleurs rempli de terre de champ portée longtemps à une haute température et mélangée de crottin de cheval également chauffé. D'autres, comme témoins, furent semés dans la terre de champ n'ayant subi aucune manipulation. Les deux groupes se développèrent fort bien ; mais quand on les déterra, ceux qui avaient crû dans la terre stérilisée ne présentaient pas un tubercule ; les autres en avaient tous sans exception une quantité innombrable sur chaque pied. On pouvait opposer à ces expériences la riche fumure des sols privés de germes, en sorte qu'on ne saurait décider si c'est à l'excès d'azote ou à la destruction des microbes qu'était due l'absence de renflements. Deux lots de pois cultivés, les uns dans l'eau bouillie, les autres dans de l'eau non chauffée, offrirent au même auteur une proportion sensiblement égale de plants munis de tubercules et de plants qui en étaient dépourvus ; mais Frank pense que les germes étrangers pouvaient plus facilement se propager dans l'eau bouillie que dans la terre stérilisée. Schindler ([56]) confirma les expériences de Frank en ce qui concerne les cultures dans un sol stérilisé ; de plus il obtint un résultat analogue par les essais dans l'eau. Dans un milieu liquide soumis à l'ébullition, il ne vit jamais se former de tubercules. Il remarque d'ailleurs que les *Vicia villosa* et *Trifolium pratense* formés dans la terre calcinée ne prenaient pas un développement normal ; les trèfles gardaient des dimensions inférieures à celles des pieds obtenus dans la terre ordinaire. On ne pouvait donc décider d'après ces expériences si l'absence de tubercules résultait de la destruction des microorganismes ou d'un dépérissement général des plantes.

Prillieux ([53]), il est vrai, avait pu produire sur des germinations de pois des tubercules nettement caractérisés en plaçant les jeunes plants dans l'eau où plongeait une touffe de trèfle chargée de tubercules, et il semblait naturel d'attribuer ce phénomène à une sorte d'infection artificielle produite par des bactéries dont la présence était en corrélation directe avec celle des tubercules eux-mêmes.

Mais c'est à Hellriegel ([32]) que nous devons les recherches les plus approfondies pour résoudre cette question : L'expérience suivante semble prouver que la formation des radicelles tuberculeuses et la bonne végétation de la plante sont à volonté provoquées ou favo-

risées par l'addition de germes vivants et que ces deux résultats
sont entravés par l'absence de ces microorganismes. Sur 40 tiges
de pois végétant en sol non azoté, 10 furent arrosées d'une faible
quantité d'extrait aqueux de sol fertile.

La première phase de la végétation se passa bien ; dans la deuxième
semaine, l'aspect devint maladif, les feuilles pâlirent, puis jaunirent,
signe que la réserve de la graine était épuisée. Jusqu'à ce moment
aucune différence entre les 40 pots en expérience. Mais déjà au
13 juin elle commença à se montrer et, au 18 juin, elle était devenue
si sensible qu'elle se reconnaissait de loin. Dans les 10 pots ensemencés de bactéries, les plantes avaient repris leur belle couleur
verte et se mettaient à croître à l'envi. Des 30 pots où l'introduction
des microorganismes avait été laissée au hasard, deux avaient, à cette
date, un développement semblable aux précédents, tous les autres
souffraient plus ou moins de la disette d'azote et certains étaient
devenus tout jaunes. Au 30 juin, les plantes avec bactéries développaient leur dixième feuille et avaient un aspect luxuriant. Une seulement des 20 tiges était restée en arrière comme hauteur, mais la
belle couleur vert foncé des feuilles excluait l'idée d'un manque
d'azote et l'examen montra que la racine principale était devenue
malade un peu au-dessous de son point d'origine et avait fini par
mourir. Dans le lot sans bactéries, l'aspect, à la même date, était très
varié, comme on peut l'imaginer. Des 60 plantes comprises dans ce
lot, 10 environ avaient à peu près le même développement que celles
du lot à bactéries, 5 étaient restées en arrière et presque mortes, les
45 autres offraient tous les états intermédiaires entre ces deux
extrêmes.

A cette époque, on arracha les plantes de 2 pots à bactéries et de
5 pots sans bactéries et l'examen des racines montra de la façon la
plus éclatante la relation qu'il y a entre la végétation de la plante et
le développement des radicelles tuberculeuses.

Sur 22 pots non ensemencés de bactéries, 5 seulement donnèrent
plus de 15 grammes de matière sèche ; le poids fourni par les
17 autres variait entre $1^{gr},640$ et $13^{gr},190$. Les résultats pour les pots
avec bactéries s'élevèrent toujours au-dessus de 15 grammes.

La cause de cette influence incontestablement avantageuse

qu'exerce ici l'addition d'une faible quantité de solution de sol ne
peut être attribuée qu'à l'introduction des germes des microorganismes ; car les 25 cent. cubes de solution ne renfermaient pas 1 mil-
ligramme d'azote et les traces des autres principes apportés en même
temps ne pouvaient avoir aucun effet dans un sol qui en était richement pourvu.

Le résultat de l'expérience suivante vient encore confirmer cette
assertion :

« Deux pots furent arrosés avec 25 cent. cubes d'extrait aqueux
d'un sol non azoté ; seulement la solution fut préalablement stérilisée par une ébullition assez prolongée et les pots furent recouverts
d'une couche de ouate stérilisée. Les pois semés germèrent fort bien ;
les plantes se développèrent tant que dura la semence et, jusqu'à la
formation de leur sixième feuille, marchèrent du même pas que celles
des 10 premiers pots ensemencés. Mais à ce moment la privation de
nourriture se fit sentir, l'accroissement si bien commencé s'arrêta,
les plantes restèrent stationnaires, essayèrent de produire une faible
pousse latérale, mais ne purent aller plus loin et moururent sans
fructifier. On ne trouva sur elles aucune trace de tubercules. »

Ces expériences elles-mêmes ne démontrent pas une relation im-
médiate entre la présence des microbes et celle des tubercules,
puisque l'absence de ceux-ci coïncidait toujours avec une souffrance
générale et qu'elle peut aussi bien s'expliquer par l'état maladif
empêchant la plante de développer tous ses organes, que par une
propriété spécifique qu'auraient les microorganismes de provoquer
directement le renflement des radicelles.

Des végétaux d'une tout autre nature et dépourvus d'organes
comparables aux nodosités des Légumineuses ne sauraient suivre le
cours normal de leur évolution dans une terre entièrement privée
de germes. E. Laurent (*Les Microbes du sol.* — Recherches expé-
rimentales sur leur utilité pour la croissance des végétaux supérieurs.
— *Bulletin de l'Académie royale de Belgique,* 56ᵉ année, 3ᵉ série,
tome XI, 1886) a fait sur le sarrasin des expériences précises qui
mettent ce fait hors de doute. Il comparait quatre lots de plantes :
le premier avait été semé dans du terreau naturel, le second dans
du terreau stérilisé, puis inoculé avec des bactéries du sol, le troi-

sième dans du terreau stérilisé, le quatrième dans du terreau stérilisé
avec addition d'engrais chimiques. La deuxième série était mise en
expérience, afin de s'assurer que la haute température à laquelle le
terreau a été porté ne le rend pas impropre à la nourriture des plantes.
« Il suffit, pour cela, dit l'auteur, d'établir qu'en lui inoculant les
bactéries du sol, on lui fait reprendre peu à peu ses propriétés
alimentaires. On peut donc s'attendre à voir les plantes de la deuxième
série, inférieures d'abord à celles de la première, regagner graduellement la distance perdue et c'est ce qui est arrivé. » La troisième
série comparée à la deuxième montre la part qui revient à l'action
des bactéries. Enfin la quatrième réalise artificiellement l'action
naturelle des microbes, puisqu'elle offre à la plante des produits de
laboratoire analogues à ceux qui résultent, dans le sol, de la présence
des infiniment petits.

Dès les premiers temps qui suivirent la germination, les deux
premières séries prirent une avance assez marquée sur les deux
autres. A certains égards même (nombre des fleurs), les semis effec-
tués dans le sol calciné, puis réinfecté, l'emportèrent sur ceux qui
avaient été opérés dans le terreau naturel. A tous les points de vue,
la troisième série se montra très inférieure aux autres. Et cependant,
comme le remarque Laurent, les plantes cultivées dans le terreau
privé de bactéries ont encore profité des matières minérales produites par ces microbes avant la stérilisation.

Ces différences sont liées sans doute à la présence de ces ferments
nitriques dont la connaissance est due surtout aux recherches de
Schlœsing et Müntz. Il est vrai que Frank ([26]) a nié récemment le
rôle des microbes dans la nitrification du sol ; mais les mêmes expériences répétées par Landolt l'ont amené à des résultats contradic-
toires.

On ne saurait donc affirmer *à priori,* à la suite des faits relatés par
Hellriegel, que les cryptogames, dont l'action semble nécessaire pour
que les nodosités apparaissent, aient une influence d'un autre ordre
que les Bactériacées vulgaires qui pullulent dans le sol et qui favo-
risent la nutrition des plantes ordinaires.

Une autre observation du même auteur parle plus clairement en
faveur de la spécificité des organismes auxquels est lié le dévelop-

pement des Légumineuses. On pourrait même en conclure que l'assistance de divers cryptogames est nécessaire aux différents types de Papilionacées. Hellriegel n'avait pu réussir à faire prospérer des lupins dans du sable dépourvu de matière azotée. Cette résistance n'offrait pas d'exception, tandis que des pois placés dans des pots au milieu de ceux qui contenaient les lupins et cultivés dans des conditions analogues offraient des résultats très variés. Ces différences s'expliquaient par l'arrivée accidentelle des germes nécessaires au contact des pois, mais rendaient bien plus énigmatiques les phénomènes observés sur des lupins exposés aux mêmes chances d'infection.

Hellriegel fit à ce sujet de nouvelles expériences : après avoir planté des lupins dans du sable dépourvu d'azote, on laissa un premier lot tel quel ; on arrosa un second lot avec un extrait aqueux d'un échantillon de terre provenant d'un champ de lupins et un troisième avec un extrait d'un sol argilo-marneux riche en humus et impropre à la culture du lupin. La germination et la première période de végétation se passèrent normalement ; puis les plantes entrèrent dans la phase d'inanition et montrèrent toutes le même aspect misérable trente jours après la plantation. Puis, à partir de cette date, changement complet. Les lupins du second lot commencèrent à prendre une belle couleur verte, une apparence vigoureuse, et à croître rapidement, tandis que ceux des premier et troisième lots conservaient leur teinte maladive d'un brun rougeâtre, leur aspect languissant, et restaient stationnaires dans leur état d'inanition.

En examinant les racines on vit que les plantes du deuxième lot qui avait reçu les bactéries du sol sablonneux montraient toutes leur pivot garni de gros tubercules, comme on en voit sur les lupins végétant normalement à l'air libre dans les conditions les plus favorables. Les racines des pieds affamés du troisième lot (bactéries du sol riche en humus) n'ont présenté que sur une seule racine une nodosité unique; encore était-elle très petite. Sur les racines du premier lot (resté tel quel) on ne put en découvrir la moindre trace.

Le lupin s'est comporté sous tous les rapports comme une autre Papilionacée caractéristique des terrains siliceux, la serradelle (*Ornithopus sativus*), tandis que les pois, les vesces, les féveroles se sont le mieux développés dans les pots arrosés avec la solution du sol riche en humus, et que le trèfle rouge n'a présenté aucune différence notable de végétation dans les trois milieux.

Il semble donc que le développement des tubercules des lupins et de l'*Ornithopus sativus* exige l'intervention d'un microorganisme moins répandu que l'espèce qui favorise la végétation de la plupart des Papilionacées. Cette dernière, comme le remarque Frank ([24]), doit avoir une distribution ubiquiste et constante qui ne se trouve pas chez les parasites ordinaires des végétaux. Cette circonstance rappelle bien plutôt la présence universelle des germes des agents vulgaires de la fermentation et de la pourriture, qui ne manquent jamais d'apparaître sur tout support approprié, dont l'entrée leur est ouverte. Nous pouvons ajouter qu'elle n'a pas peu contribué à faire admettre *à priori* que les organismes en question devaient appartenir au groupe des Bactériacées et à faire méconnaître les cryptogames d'ordre plus élevé qui sont réellement en jeu.

En résumé, la présence ou l'absence des tubercules est influencée par plusieurs facteurs, tels que l'espèce, l'âge, l'éclairement, la vigueur de l'individu, la richesse du sol en principes azotés, la présence de certains organismes inférieurs.

Influence de la région de la plante. — Les auteurs qui se sont occupés de la question sont d'accord pour considérer les tubercules comme des dépendances constantes des racines. Plusieurs d'entre eux, Eriksson ([23]) parmi les anciens, Tschirch ([67]) parmi les plus récents, affirment explicitement qu'ils n'existent jamais sur les rhizomes. Lecomte ([39]) seul dit qu'on en voit aussi sur les tiges souterraines, mais il n'a pas encore fait connaître chez quelles espèces ni dans quelles circonstances. Tschirch ([67]) observe que les excroissances décrites par Bouché ([8]) à la base de la tige du *Phaseolus* et que l'on trouve constamment sur les exemplaires de plusieurs années n'ont rien à faire avec les tubercules.

Tréviranus ([64]) a déjà noté que ces organes se montrent sur le pivot comme sur les radicelles même filiformes et qu'on ne saurait constater en eux de préférence pour l'une ou pour l'autre de ces racines, ni de lieu de prédilection dans leur situation sur ces membres. Toutefois, ils ne se montrent pas plus que les radicelles ordinaires sur les portions les plus jeunes des racines.

On est frappé de leur apparition irrégulière dont les allures capricieuses ne se retrouvent pas chez les appendices normaux. Comme le remarque Eriksson ([23]), les tubercules se forment sans ordre précis dans le temps ni dans l'espace. Le même botaniste dit qu'ils commencent à se développer quand les racines latérales ont à peu près atteint leur taille. Cette règle offre bien des exceptions. Nous en avons trouvé un grand nombre sur des pivots de mélilot, de *Galega*, etc., sur lesquels les radicelles normales commençaient à peine à poindre. Dans plusieurs cas, les plantules n'avaient encore déployé aucune autre feuille que les cotylédons.

Les tubercules du lupin sont généralement groupés autour du collet. D'autres espèces présentent d'ailleurs des variations individuelles plus ou moins étendues, liées aux diverses conditions de végétation et cette localisation accidentelle s'explique aisément si l'on songe que des actions de milieu peuvent amener une absence totale de tubercules. Chez le trèfle rouge, par exemple, il nous est arrivé de trouver des plants pourvus au voisinage de la surface du sol d'un chevelu tellement chargé de renflements, que les radicelles comme le pivot disparaissaient sous d'énormes chapelets ou des grappes compactes de tubercules, tandis que les portions profondes du pivot et de ses ramifications n'en portaient point ou en présentaient quelques-uns seulement, très clairsemés. Tschirch ([67]) a fait des observations analogues au sujet des *Phaseolus* et *Medicago*.

Nature.

Les opinions les plus diverses ont été émises au sujet de la nature de ces tubercules. Malpighi ([44]) en faisait des galles; toutefois, il émettait cette manière de voir avec une certaine réserve, attendu qu'il n'y a observé ni cavité contenant un œuf ou une larve, ni perforation correspondant à une piqûre d'insecte. Tréviranus ([64]), en rapportant cette théorie, croit que la situation de ces organes aurait dû mettre Malpighi en garde contre une telle hypothèse. Mais il n'y a pas incompatibilité entre l'habitat souterrain et une production de galles. Ainsi les navets, les colzas, les choux présentent des tumeurs de cette nature provoquées par des *Anthomyia* et, au dire de

Frank ([24]), la maladie causée par ces insectes ne serait pas moins fréquente en Allemagne, du moins dans les environs plus ou moins immédiats de Leipzig, que la hernie causée par le *Plasmodiophora*.

Cornu ([16]), ayant rencontré sur les racines de sainfoin des galles d'anguillules à côté des tubercules qui nous occupent, fut d'abord trompé par cette coïncidence et considéra ces derniers comme des excroissances produites par les petits vers parasites. Mais il ne tarda pas à reconnaître cette confusion et à déclarer ([17]) que les renflements habituels n'ont rien à faire avec les anguillules.

Bivona ([3]) en fit des champignons développés sur les racines et distingua deux espèces correspondant : la première, *Sclerotium lotorum*, aux formes simples, la seconde, *Sclerotium medicaginum*, aux types plus ou moins lobés. C'est sans doute aux mêmes organes que se rapporte le *Sclerotium rhizogonum* observé par Persoon ([49]) sur les racines du pois et de la vesce. Fries ([23]) adopte l'opinion de Bivona ; il remarque pourtant que ces parasites ne causent aucun dommage à leur hôte.

Bon nombre d'auteurs y voient de simples excroissances des tissus de la racine. Ce seraient, d'après A. P. de Candolle ([12] et [13]), des tumeurs morbides, des « exostoses charnues ». Tulasne ([69]), sans s'expliquer sur leur nature normale ou pathologique, affirme « que ce ne sont très certainement que des excroissances solides formées de tissu cellulaire ». C'est à peu près ce que disait déjà Daléchamp à propos de son « pied d'oiseau » qui est l'*Ornithopus perpusillus :* « Nous avons icy adjousté le pourtrait d'une autre herbe que Dalechamp appelle *Ornithopodion*, qui croist en lieux secs et sablonneux avec plusieurs racines esparces çà et là, et cheveluës, toutes garnies de bossettes comme de neuds, durs et ronds... » ([19] p. 409).

Clos ([14] et [15]) admet que les tubercules des Légumineuses sont des lenticelles dont la grande taille et la forme arrondie seraient dues au milieu spécial dans lequel elles se développent. Mais, comme Tréviranus l'a depuis longtemps observé, la nature des racines, privées d'épiderme et de stomates, est en contradiction avec la définition même des lenticelles. Au reste il y a entre des racines rudimentaires et des lenticelles très puissantes des relations d'aspect assez nettes, pour que l'on ait commis plus récemment une confusion qui est directement la réciproque de l'opinion de Clos. Dans les galeries qui traversent les tiges renflées du *Myrmecodia echinata,* il existe des lenticelles saillantes, extraordinairement développées, qui étaient prises pour des suçoirs, avant que Treub en eût fixé la véritable valeur morphologique.

L'opinion de Clos, comme toutes les théories qui précèdent, est absolument incompatible avec la présence de vaisseaux dans les tubercules. Gasparrini ([29]) est le premier auteur qui en ait mentionné l'existence. Il considérait les renflements des Légumineuses comme des pointes de racines et les nommait pour ce motif tubercules spongiolaires (*Tubercoli spongiolari*). Kolaczeck ([36]), ayant remarqué que, desséchés, ils reprenaient rapidement leur turgescence dans l'eau, les considérait aussi comme des racines spongieuses (*Schwamm-wurzeln*).

Pour Tréviranus ([64]), les organes dont il s'agit seraient des bourgeons imparfaits à base tubéreuse ; à l'appui de sa thèse il invoque des arguments bien indirects tirés de l'anatomie comparée. Il rappelle l'existence de fleurs hypogées, plus ou moins réduites par rapport aux organes reproducteurs aériens, mais cependant fertiles. A vrai dire, on trouve dans d'autres familles, par exemple chez quelques espèces de Polygalées et de Crucifères, outre la fructification normale, une autre souterraine, mais sans que cette formation atteigne la même généralité que chez les Légumineuses. Tréviranus a cru remarquer aussi que la formation des fruits souterrains et celle des tubercules ne coexistent pas fréquemment et qu'elles semblent en quelque manière se substituer l'une à l'autre. Il rappelle aussi l'apparition de bulbes ou de tubercules à la place des graines chez diverses monocotylédones et il conclut de tous ces rapprochements que chez les Légumineuses les bourgeons floraux, normaux sur la tige aérienne, anormaux vers le collet, deviennent tout à fait imparfaits quand ils se développent sur les racines où ils sont représentés par les tubercules. Le défaut d'air et de lumière rendrait compte d'une telle infériorité et de l'arrêt de développement qui, dans la règle, empêche ces sortes de bourgeons de végéter. Il pense même, sur la foi de Doody, dont l'opinion est rapportée par Dillénius ([21]), que cette règle n'est pas sans exception. Doody aurait observé des

Ornithopus perpusillus qui ne donnaient point de fruits, mais se multipliaient par les tubercules des racines. Cette assertion, que Tréviranus n'a pu confirmer *de visu*, a été contredite par tous les auteurs. Pourtant nous avons observé sur des portions souterraines de tige du *Vicia sepium* au printemps de véritables bourgeons dont la feuille axillaire n'était pas distincte. Le sommet présentait des rudiments de feuilles; la base était charnue et assez dilatée. Leur couleur blanche d'ailleurs les distinguait à première vue des tubercules proprement dits et l'examen microscopique y révélait la structure habituelle des tiges, sans qu'on y pût déceler aucune des particularités si importantes que nous aurons à noter dans les organes décrits par Tréviranus. Une observation analogue a bien pu être l'origine de l'erreur de Doody. Tout récemment Tschirch ([67]), reprenant la comparaison de Tréviranus, mais à un autre point de vue, s'est demandé aussi si la formation des fruits souterrains, aussi bien que celle des tubercules, n'avait pas pour but l'élaboration de certains groupes de substances albuminoïdes qui se formeraient exclusivement dans l'obscurité. Cette concordance physiologique n'impliquerait d'ailleurs en rien l'homologie des organes où on l'observe.

Cornu ([17]) trouve que leur structure ne se rapporte ni à la tige, ni à la racine ; pourtant il croit que ce sont peut-être des radicelles.

De Vries ([70]), Tschirch ([67]), Van Tieghem et Douliot ([22]), etc., voient dans les tubercules une forme particulière de racines. Mais le plus grand nombre des auteurs pensent que leur forme et leur structure spéciales sont dues à l'action d'un cryptogame. La nature de cet être est d'ailleurs très controversée, puisque, pour Woronin ([76] et [77]) et ses partisans, c'est une bactérie, pour d'autres, Prillieux ([53]) et Kny ([34] et [35]), un Myxomycète, pour d'autres encore, un champignon plus élevé qui serait en cause. Eriksson ([23]) a été le principal promoteur de cette dernière opinion. Le mode d'action de l'être étranger a aussi été diversement apprécié : pour les uns ce serait un parasite, pour d'autres un symbiote.

Pour trancher cette question si importante au point de vue du rôle des tubercules, nous avons fait un examen approfondi de leurs propriétés anatomiques et histologiques, aussi bien que des productions de nature différente qui sont en rapport avec ces organes. Les descriptions que l'on va lire nous amènent à démontrer que les tubercules radicaux des Légumineuses sont des mycorhizes, c'est-à-dire des racines unies à un champignon vivant en symbiose avec elles.

Développement.

Ordre d'apparition. — Envisageons les tubercules dans une région où ils sont bien développés : comme l'ont indiqué Eriksson [23], de Vries [70], etc., ils ne semblent obéir à aucune loi rhizotaxique. Ils ne naissent pas régulièrement en progression basifuge ; ici les excroissances sont nombreuses et entassées ; là de longs espaces en sont dépourvus. Eriksson avait déjà avancé que les tubercules se montrent aussi bien en face des cordons vasculaires que des cordons libériens ou de l'espace qui les sépare. Ceci est parfaitement exact et provient de l'influence étrangère qui préside à la genèse du tubercule et qui peut agir aussi bien sur les portions situées en face des îlots libériens que sur les zones correspondant aux cordons vasculaires. Mais néanmoins les éléments normalement rhizogènes entrent seuls en jeu, c'est-à-dire, comme l'ont démontré Van Tieghem et Douliot [22], les cellules du péricycle situées en face du bois quand il y a plus de deux faisceaux. Seulement, suivant les cas, un ou plusieurs îlots rhizogènes seront sollicités à évoluer en racine et le tubercule correspondra à une ou plusieurs radicelles concrescentes.

On peut donc dire, et cette constatation est d'une grande importance au point de vue de la valeur morphologique des tubercules, que ces organes, sans apparaître dans la même succession ni à des distances aussi régulières que les radicelles ordinaires, répondent néanmoins, dans leur situation radiale, aux règles rhizotaxiques. Les apparences contraires sont dues à une perturbation de même nature que les anomalies étudiées avec tant de soin par Van Tieghem, dans les cas de racines doubles des autres types végétaux.

Tissu générateur. — On trouve dans la littérature des opinions discordantes au sujet du tissu générateur des tubercules et plusieurs auteurs ont cru que leur mode de formation les éloignait des racines ordinaires. Eriksson [23] constata d'abord la naissance des radicelles par un cloisonnement radial et surtout tangentiel du péricycle ou assise périphérique du cylindre central, suivi d'une certaine prolifération de l'endoderme ou zone interne de l'écorce. La première apparition des tubercules, au contraire, serait marquée par la condensation du protoplasma des cellules les plus internes de l'écorce, qui deviendraient le siège d'une segmentation active et sans ordre. Plus tard seulement, le péricycle prendrait part à la division. Prillieux [53] exprimait la même opinion : « C'est, disait-il, non dans le péricambium, mais dans la partie profonde du parenchyme cortical, au voisinage c'est vrai, mais à l'extérieur de la couche protectrice, que les cellules se divisent d'abord et que va apparaître un tissu nouveau. Quand il commence déjà à se développer, on voit, en examinant la coupe à un faible grossissement, un point voisin du cylindre central qui se distingue par son peu de transparence du reste du parenchyme cortical » ; et il concluait que le lieu et le mode d'apparition des racines secondaires et des tubercules sont trop différents pour qu'on puisse les considérer comme de même nature. B. Frank [24] reproduit à peu près la description d'Eriksson.

Tschirch [67] admet aussi que les tubercules naissent généralement aux dépens de l'écorce. Le lupin seul se distinguerait des Papilionacées ordinaires en ce que le péricycle et rien que lui y produirait les excroissances.

Cette apparente discordance entre les tubercules et les radicelles avait paru s'effacer, quand E. de Janczewski eut annoncé que plusieurs Légumineuses s'éloignent du type habituel en formant des radicelles, non dans le péricycle, mais dans l'écorce de leurs racines et quand Lemaire fut arrivé à la même conclusion en ce qui concerne les racines latérales formées sur les tiges. Prillieux [54] avait aussi renoncé à voir dans cette propriété une opposition entre les tubercules et les radicelles, depuis les travaux de L. Koch (*Die Entwickelungsgeschichte der Orobanchen.* Heidelberg, 1887) sur la naissance des racines des Orobanches hors du cylindre central.

Mais Van Tieghem et Douliot ont proposé une nouvelle interprétation des faits observés par Janczewski et Lemaire. Pour eux toutes les parties propres à la jeune racine sont formées aux dépens du péricycle. Les assises issues de l'endoderme, constituant la « fausse coiffe » de Lemaire, sont annexées au membre nouveau sans en faire partie intégrante. La coiffe, dans ces complexes, comprend deux parties morphologiquement distinctes et méritant des noms spéciaux : la *calyptre* appartenant seule à l'appendice, la *poche* dépendant de la racine mère. Cet organe simple en apparence se composerait donc de deux zones aussi distinctes que le sont, par exemple, les portions maternelle et fœtale qui se combinent en un placenta unique chez les animaux supérieurs.

Dans un travail tout récent ([32]), les mêmes auteurs établissent que, dans les tubercules, l'endoderme ne donne non plus naissance qu'à la poche. De cette façon ce qui, dans le tubercule, est distinct du membre générateur, dérive exclusivement du cylindre central. De Vries ([70]) était depuis longtemps arrivé à la même conclusion en ce qui concerne les renflements du trèfle rouge. « Ils procèdent, dit-il, tout comme les autres radicelles, de la périphérie du cylindre fibro-vasculaire de la racine mère ; mais au lieu de faire irruption à travers l'écorce, ils restent longtemps couverts par ce tissu tuméfié. »

Cette manière de voir est parfaitement exacte. Toutefois il peut arriver que le contenu des assises corticales soit modifié sous l'influence des cryptogames qui les traversent pour arriver au péricycle. On voit même, mais non d'une façon constante, quelques cloisons apparaître sans ordre dans l'endoderme et dans les cellules voisines, en même temps que l'assise rhizogène entre en jeu ; mais ce cloisonnement irrégulier, dont les anciens observateurs se sont exagéré l'importance, n'a rien de commun avec la production de racine qui est l'acte essentiel de la naissance du tubercule.

Structure.

Poche. — La poche se reconnaît encore aisément sur des tubercules âgés et l'on n'en saurait méconnaître l'origine, car c'est au sommet seulement qu'elle subit une prolifération assez active pour confondre les tissus engendrés par elle avec le méristème terminal issu du péricycle. A la base, la continuité de la poche avec l'écorce de la racine mère est d'autant plus évidente, que l'endoderme garde parfois sur une certaine étendue les ponctuations caspariennes.

Cornu ([17]) est, croyons-nous, le seul botaniste qui ait reconnu ces stigmates ; il les a même figurés sans toutefois s'en expliquer l'origine ni la signification. Il croyait en effet que cette assise « qui simule une gaine protectrice » est la couche la plus intérieure de l'écorce de la radicelle.

Toutefois les cadres d'épaississement, dont les ponctuations sont la coupe, tout en présentant la subérisation de ceux de l'endoderme, n'en offrent pas les plissements caractéristiques sur les faces radiales. Ce fait s'explique aisément si l'on songe que, dans le tubercule, les tissus contenus par ce réseau subérisé se sont dilatés dans tous les sens, la forme de l'organe approchant de la sphère au début, tandis que, dans les membres cylindriques, l'expansion contre laquelle réagit l'endoderme s'exerce dans le sens des rayons et non dans celui de l'axe.

Fréquemment l'endoderme, seul ou conjointement aux couches corticales internes, subit de nombreuses divisions tangentielles en progression centripète et la poche forme au tubercule un manteau de liège. Cette disposition n'a pas échappé à Cornu. Les cellules plus extérieures que l'assise ponctuée présentent, dit-il, des alignements remarquables.

Les cellules les plus extérieures du liège se flétrissent de bonne heure et, mises à nu par la destruction du reste de l'écorce, elles donnent à la surface du tubercule cet aspect furfuracé qui a frappé de tous temps les botanistes. Les couches internes se subérisent au moins dans la région basilaire et les ponctuations disparaissent dans l'épaississement général. Dans les parties qui avoisinent la pointe on ne voit plus de cadres d'épaississement, mais l'endoderme peut encore subir en masse la transformation subéreuse de ses minces parois.

Chez le *Dorycnium herbaceum*, etc., quelques cellules disséminées dans la portion extérieure de la poche ou parfois réunies en petits groupes prennent une forme arrondie. Des portions considérablement épaissies de leurs parois circonscrivent des mailles minces et inégales. Toutes les parties épaissies se subérisent. Finalement la paroi entière envahie par cette modification chimique prend une teinte très foncée par le vert d'iode. Cette coloration persiste des années, même en présence de la fuchsine, tandis que le liège, l'endoderme, les vaisseaux fixent exclusivement le réactif rose.

Grâce aux caractères de l'endoderme, la naissance des radicelles aux dépens du péricycle est presque toujours facile à reconnaître à première vue. Néanmoins, la poche leur est concrescente et reste une dépendance si directe du jeune membre, que la plupart des auteurs l'ont décrite comme une zone de tubercule. C'est à cette portion de la racine mère que Tréviranus ([64]) fait allusion, quand il parle d'une écorce incolore, dont les cellules polyédriques sont bien plus grandes que celles du tissu interne ; c'est à elle que se rapporte au moins en grande partie la locution de parenchyme extérieur (*äusseres Parenchym*) employée par Woronin ([76] et [77]), puis par Eriksson ([23]). Ce dernier auteur remarque que le parenchyme externe semble jouer le rôle d'une coiffe radicale. C'est bien là en effet la signification de la poche corticale ; mais Eriksson s'éloigne de la vérité, quand il admet que les 5-10 assises corticales à membrane épaisse proviennent du jeu d'une sorte de cambium double qui donnerait en dedans et en progression centrifuge le parenchyme, méristématique au sommet, fortement différencié à la base. Sauf peut-être à l'extrême pointe, où les éléments issus de l'endoderme et ceux qui proviennent du péricycle, en d'autres termes, la poche et la calyptre, se confondent sans démarcation bien nette, ces deux régions dérivent de génératrices aussi distinctes que possible. La poche répond à la description de Cornu, quand cet éminent botaniste parle d'une sorte d'étui cortical formé de cellules dont le grand axe est parallèle au contour du renflement et dont l'assise la plus interne ressemble à l'assise protectrice de la radicelle.

Frank ([24]) distingue du parenchyme externe qui est la poche un procambium situé entre ce dernier et le parenchyme interne et dans lequel se développent les cordons fibro-vasculaires du tubercule. Ce prétendu procambium comprend l'écorce proprement dite. Eriksson avait déjà fait allusion à ce tissu, au jeu duquel était liée dans son esprit la production des deux autres.

Tschirch ([67]) a trouvé un certain nombre d'espèces dans lesquelles les tubercules se vident pendant la période de maturation des graines et où le tissu intérieur se détruit totalement. Et en effet, sur les racines âgées, on trouve aisément des tubercules réduits à une sorte d'enveloppe subéreuse souvent perforée au sommet et les coupes pratiquées dans ces vésicules montrent qu'elles sont à peu près réduites à la portion appartenant à la racine mère, tapissée de débris informes dans lesquels on distingue les faisceaux et leurs gaines subérisées.

De Vries ([70]), dans le passage rapporté plus haut, est le premier auteur qui ait sainement apprécié l'origine de ce tissu extérieur et qui ait reconnu l'existence d'une couche corticale *à petites cellules*, correspondant à ce que, dans la suite, Frank a pris pour un procambium. Presque en même temps Prillieux ([53]) constatait que le tubercule, avant de sortir du corps de la racine et de s'arrondir librement au dehors, grossit en repoussant devant lui les cellules voisines du parenchyme cortical, qui prennent bien quelque extension, mais ne peuvent suivre le rapide développement du corps qu'elles recouvrent et se désagrègent bientôt. Ce tissu qui s'émiette dans les parties extérieures présente, comme le remarque aussi Prillieux, tous les caractères d'un liège. Van Tieghem et Douliot ([22]) ont insisté avec plus de précision sur le fait indiqué par de Vries et Prillieux : « L'endoderme et quelquefois aussi les assises corticales internes (de la racine mère) agrandissent et cloisonnent leurs cellules autour des tubercules, de façon à les envelopper d'une poche digestive plus ou moins épaisse, qui digère le reste de l'écorce, les accompagne jusqu'à leur sortie et forme à leur surface une couche plus tard subérifiée. »

Tissus propres au tubercule. — La structure des tubercules varie avec l'âge. A leur état jeune, comme le remarque de Vries ([70]), ils sont entièrement méristématiques et remplis dans toute leur étendue d'un contenu albuminoïde dense. Divers auteurs, notamment Clos ([14] et [15]), Bivona ([3]), Fries ([28]), Tulasne ([69]), ont cru qu'ils demeuraient indéfiniment à l'état de tuméfactions purement cellulaires. En réalité il se produit dans leur masse une série de transformations également importantes aux points de vue anatomique, histologique et chimique.

Deux systèmes anatomiques doivent successivement fixer notre attention : le parenchyme, les faisceaux.

Faisceaux.

Historique. — Tréviranus ([64]) avait déjà remarqué la disposition en cercle des vaisseaux vers la périphérie d'une coupe pratiquée transversalement au milieu de l'organe. Woronin en donne une description plus soignée ([77]) au sujet des lupins de jardin, *Lupinus mutabilis* et *Cruikshanksii:* « Du faisceau vasculaire central de la racine, dit-il, s'échappent d'autres faisceaux vasculaires plus déliés qui vont se diviser et finalement se perdre dans le tissu parenchymateux des excroissances. La répartition de ces filets vasculaires entre les cellules du tissu se fait très irrégulièrement et à leur terminaison ils ne se composent ordinairement que d'un petit nombre de vaisseaux, quelquefois d'un seul. »

Eriksson ([23]) précise davantage encore. Il a bien observé la gaine endodermique propre à chaque faisceau, avec ses stigmates casparriens, les grandes cellules à membrane mince répondant au péricycle de la racine; mais il n'a pas saisi les relations du bois et des éléments cribreux; il dit simplement que les vaisseaux spiraux sont situés au centre d'un tissu de petites cellules à parois délicates. Il a indiqué aussi la manière dont ces faisceaux, disposés en cercle dans le tubercule même, confluent à la base en un seul point si le tubercule est inséré en face d'un cordon vasculaire, en deux groupes au moins s'il apparaît en face d'une bande libérienne.

De Vries ([70]) est moins explicite sur la façon dont ces faisceaux se raccordent avec ceux de la racine mère; on pourrait croire d'après sa description qu'ils s'insèrent isolément. Au lieu de constater avec la plupart des auteurs que le nombre de ces faisceaux va en augmentant à mesure que l'on s'éloigne du membre générateur, il cite le cas d'un tubercule dont les coupes transversales offraient à la base sept faisceaux, un peu plus haut six, et vers le milieu quatre seulement.

Cornu ([17]) ne s'est pas occupé de l'insertion des faisceaux, mais il a donné de leur structure sur une coupe transversale de la région moyenne une description excellente et trop peu connue. On s'explique d'ailleurs que tous les botanistes n'aient pas songé à aller cher-

cher cette étude exacte des tubercules des Légumineuses dans un
mémoire sur le *Phylloxera* et pour notre compte nous ne l'avons
connue qu'après être arrivé de notre côté aux mêmes résultats et
les avoir même signalés incidemment dans un travail sur un autre
objet ([71]). Cornu a parfaitement représenté (pl. XVI, fig. 13) le faisceau libéro-ligneux possédant sous la zone plissée un péricycle formé
d'une assise unique et continue, les vaisseaux tournés vers la périphérie, le liber tourné vers l'axe. Au reste, l'auteur n'a pu à l'aide des
théories régnantes sur la disposition des éléments conducteurs des
plantes vasculaires, s'expliquer la valeur morphologique d'une telle
organisation : « La nature et surtout l'orientation de ces faisceaux
sont fort curieuses et dignes de remarque ; cette structure ne se
rapporte ni à la tige ni à la racine. »

Prillieux ([53]) insiste peu sur ce point. Il signale seulement l'abondance des cordons vasculaires dans certains tubercules, puisqu'il en
a compté jusqu'à 35 ou 40 chez l'*Acacia berteriana*.

Tschirch ([67]) rappelle la division dichotomique des faisceaux qui,
pour lui, confluent tous en un cordon fasciculaire unique au niveau
de l'insertion sur la racine mère.

En comparant les relations des faisceaux aux divers niveaux de
leur trajet depuis l'insertion des tubercules, nous avons pu nous
convaincre ([71]) que ce sont bien des faisceaux de racine, groupés à
la base comme dans les cas ordinaires, mais soumis dans la portion
renflée à une anomalie dont on retrouve le pendant chez les Lycopodinées. Nous avons vu aussi ([72]) dans certains cas plusieurs radicelles, superposées ou juxtaposées, devenir concrescentes dès la
base, subir conjointement le même morcellement de leurs faisceaux,
en sorte qu'à l'anomalie des Lycopodinées se joint celle qui caractérise les tubercules des Ophrydées. Les deux anomalies se combinent
et se modifient réciproquement, de façon qu'à première vue on
croirait qu'il s'agit d'une disposition sans précédent. Nous allons
revenir sur les observations sur lesquelles reposent ces conclusions.

Pour compléter l'historique, il nous reste à mentionner l'opinion
de Van Tieghem et Douliot ([22]) qui s'occupent tout spécialement de
ce point de l'anatomie des tubercules. Ces observateurs s'éloignent
notablement de la description de Cornu et de la nôtre. Chaque

cordon conducteur se composerait « d'un péricycle unisérié, de deux faisceaux ligneux qui confluent souvent au centre en une bande diamétrale et de deux faisceaux libériens alternes. En un mot, chacun d'eux est un cylindre central binaire de racine. » Nous ne contestons pas la possibilité de la coexistence de plusieurs cylindres binaires à un même niveau du tubercule, puisque souvent plusieurs radicelles concourent à former cet organe. Nous indiquerons aussi une différenciation secondaire qui donne lieu à une apparence analogue en rendant concentriques ou bicollatéraux des faisceaux tout d'abord collatéraux. Van Tieghem et Douliot ont aussi rencontré, comme Schindler ([56]) auparavant, « de petits tubercules plus grêles que les autres, qui ne possèdent dans toute leur longueur qu'un seul cylindre central axile, qui sont simplement des radicelles ordinaires à écorce renflée et à croissance limitée ». Il n'est pas impossible que plusieurs cylindres indivis de cette nature se trouvent associés dans un même renflement ; mais nous n'en avons pas vu. Les sources de concrescence sont plus étendues que ne l'indiquent les auteurs de cet intéressant mémoire, car ils n'ont pas observé le cas si fréquent, déjà connu d'Eriksson ([23]), dans lequel le tubercule, placé en face d'une bande libérienne, englobe plusieurs radicelles insérées de part et d'autre ; ils ont seulement vu pénétrer dans un seul tubercule les cylindres centraux de 2, 3, 4 radicelles insérées vis-à-vis du même cordon ligneux de la racine mère, disposition bien visible sur une figure de Cornu ([17]).

Les dichotomies des cordons libéro-ligneux binaires nous ont constamment paru produire un simple faisceau libéro-ligneux collatéral inverse, c'est-à-dire avec le bois en dehors, le liber en dedans, disposition des plus nettes dans les tubercules volumineux comme dans les plus grêles, pourvu qu'ils soient suffisamment jeunes. Si d'ailleurs cette dernière disposition n'avait pas tout d'abord paru à Van Tieghem et Douliot digne du même intérêt que la précédente, elle n'avait pas, bien entendu, échappé à leur œil exercé, comme on peut en juger par une note ajoutée au texte de leur mémoire et conçue en ces termes : « Çà et là l'un des deux faisceaux libériens ou l'un des deux faisceaux ligneux fait défaut. Mais cet appauvrissement se rencontre aussi ailleurs dans les tiges et les racines polystéliques. »

C'est en effet à la structure qu'ils ont désignée sous le nom de
polystélie que ces botanistes rattachent les organes dont il s'agit ; et
par là ils désignent le morcellement d'un cylindre conducteur primitivement unique en un certain nombre de cordons homologues de
leur générateur. Cette conception sur la nature morphologique des
tubercules des Légumineuses nous paraît difficile à concilier avec nos
propres observations. Elle ne serait certainement applicable qu'à un
petit nombre de cas particuliers.

Anatomie. — Dans le cas le plus simple (fig. 3), le système conducteur d'un tubercule présente vers l'insertion les caractères habituels des radicelles binaires. Les vaisseaux forment deux groupes
centripètes opposés, souvent réunis au centre en une bande diamétrale, située dans le plan de l'axe de la racine mère, ce qui est,
comme on sait, la règle pour les phanérogames. Le liber forme deux
îlots situés de part et d'autre et pourvus assez souvent de fibres en
dehors des éléments mous. Une seule assise de cellules péricycliques
enveloppe le tissu libéro-ligneux et se trouve elle-même encadrée
par la couche corticale interne différenciée en endoderme. En un
mot, nous y voyons la structure typique de ce qu'on appelle vulgaire-
ment un *cylindre central*.

Cette locution est tombée en discrédit depuis que l'on connaît
divers organes où plusieurs cylindres coexistent et par conséquent
ne sont pas centraux, et d'autres où le système désigné sous ce nom
n'est pas cylindrique, dans les pétioles principalement. Elle avait le
tort bien plus sérieux encore de confondre des systèmes dépourvus
de toute homologie, comme le sont les groupes conducteurs de la
tige, de la feuille, de la racine. Toutefois, le terme cylindre central,
exprimant sans aucune prétention scientifique une apparence sail-
lante, continue à être employé dans le langage courant, de même
qu'on appelle cellule une masse protoplasmique dépourvue de cavité
intérieure. Le mot stèle, plus court, plus élégant, ne présente pas
non plus la précision qui convient au langage anatomique et, pour
le même motif qu'on a désigné sous deux noms différents les portions de la coiffe radicale, suivant qu'elles appartiennent au membre
générateur ou à la jeune racine, il est indispensable de donner un
nom distinct au cylindre central de chaque type de membre. Or ce

qui caractérise le groupement des tissus conducteurs dans la tige et dans la racine, c'est moins leur confluence en une colonne unique que leur disposition cyclique autour de l'axe. Il existe en effet des tiges (*Equisetum limosum, Hydrocotyle bonariensis*, etc.), où les faisceaux, parfaitement indépendants, astéliques, comme disent Van Tieghem et Douliot, possèdent pourtant la même disposition en cercle que ceux qui entrent dans le cylindre central le plus typique. C'est ce qui nous a engagé à appliquer les termes de rhizocycle et de cladocycle aux systèmes conducteurs de la racine et de la tige. Nous pouvons donc dire que le tubercule simple possède à la base un *rhizocycle monostélique*.

Ce rhizocycle ne tarde pas à se bifurquer, dès qu'il pénètre dans la zone élargie. Les deux cordons vasculaires s'écartent l'un de l'autre, l'un en haut, l'autre en bas ; les deux bandes libériennes se divisent et la moitié de chacune d'elles est entraînée par le groupe ligneux correspondant. Les deux demi-cordons libériens qui escortent chaque cordon ligneux ne conservent pas leur situation latérale, mais se rejoignent sur la face ventrale, c'est-à-dire en arrière des vaisseaux et reconstituent un îlot libérien unique et symétrique par rapport à un plan. Le péricycle et l'endoderme, entraînés de même par les éléments conducteurs, se referment en arrière et l'on a ainsi, au lieu d'un cylindre, deux cordons libéro-ligneux qui, considérés isolément, présentent, comme les faisceaux collatéraux des tiges, du bois d'un côté, du tissu cribreux de l'autre. On voit de plus que, comme dans les faisceaux de tiges, la différenciation des vaisseaux a progressé dans la direction du liber. Cette première phase du phénomène est identique à ce qui se passe dans la division dichotomique d'un rhizocycle binaire de Lycopode.

Tantôt la surface de contact du bois et du liber est plane, tantôt elle est plus ou moins incurvée et le liber prend la forme d'un croissant très épais du côté interne, embrassant entre ses pointes atténuées les portions latérales du corps ligneux ; mais les pointes effilées laissent à nu et en contact direct avec le péricycle les vaisseaux les plus extérieurs et les plus petits.

Continuant leur course dans la région renflée, les faisceaux vont encore se dédoubler à plusieurs reprises suivant leur plan de symétrie et s'écarter l'un de l'autre parallèlement au pourtour, de manière à demeurer toujours superficiels. Comme, d'autre part, le nombre des éléments de chaque faisceau diminue à chaque bifurcation, bien que la somme des vaisseaux et du liber augmente un peu, l'épaississement du tubercule est dû principalement au tissu parenchymateux (fig. 4).

Les faisceaux s'organisent aux dépens du méristème en progression basifuge. Si le tubercule est très jeune, ils font défaut sur une grande étendue, tandis qu'ultérieurement ils ne manquent qu'à l'extrême pointe. Plus bas, on les trouve indiqués déjà à l'état de procambium revêtu par un endoderme. Quand on se rapproche de l'insertion, ils sont complètement organisés, mais parfois munis d'un arc générateur entre le bois et le liber. En tenant compte de ces deux conditions : dichotomies successives de la base à la pointe et différenciation de plus en plus avancée de la pointe à la base, on conçoit aisément que, suivant l'âge et le degré d'organisation du tubercule, les faisceaux paraîtront de plus en plus nombreux sur une série de coupes transversales pratiquées à partir de l'insertion, ou au contraire deviendront de plus en plus rares comme l'a observé de Vries ([70]).

Les nouvelles branches des faisceaux s'étalent à une profondeur constante, séparées par des intervalles sensiblement égaux ; elles présentent une orientation uniforme et telle que leurs plans de symétrie viennent tous se couper sur l'axe de l'organe : nous sommes donc en présence d'une disposition *cyclique* parfaitement caractérisée, bien qu'astélique. Une coupe pratiquée dans la région moyenne du tubercule (fig. 4) diffère d'une section transversale de tige d'*Equisetum limosum* par ce seul fait, que l'orientation des faisceaux est inverse. Ce caractère permet de distinguer les tubercules des tiges astéliques. Le type ainsi défini anatomiquement est-il aussi irréductible à celui de la racine ? Nous ne le croyons pas. La façon même dont l'aberration s'effectue fournit les indications les plus nettes sur son origine et sa nature.

Interprétation morphologique des caractères des faisceaux. — Les îlots libériens, alternes avec les bandes ligneuses au niveau de l'insertion, sont dédoublés un peu plus loin. Puis, dès qu'ils pénètrent dans la région large, ils se conjuguent de nouveau, mais de telle façon que les nouveaux îlots soient formés par moitié par des îlots primitivement distincts. Entre les deux régions, il n'y a qu'une différence essentielle, c'est que dans la première les faisceaux confluent en une stèle étroite, axile et dépourvue de parenchyme central, ce qui est le cas des racines ordinaires et que dans l'autre il existe vers l'axe un amas de cellules spéciales, qui en refoule les faisceaux et qui mérite le nom de moelle au même titre que le parenchyme central des tiges à endoderme discontinu. Dans ce dernier cas, les faisceaux ont, comme dans la tige où l'existence d'une moelle est constante dès le début, la place suffisante pour se développer à l'aise sans empiéter l'un sur l'autre; nous avons donc une structure peu commune dans laquelle les faisceaux de la racine sont directement comparables à ceux de la tige. N'est-il pas remarquable qu'ils en aient exactement la structure, mais avec l'orientation inverse ? (Fig. 5, 6.)

Si d'autre part nous considérons avec quelle facilité les faisceaux libériens ont été disloqués, puis recombinés avec des parties hétérogènes pour suivre les variations des tissus avoisinants, nous serons forcés d'avouer que leur disposition est beaucoup moins instructive, beaucoup moins constante que celle du bois et doit être subordonnée à celle des vaisseaux dans la définition des membres.

Il ressort de là une différence essentielle entre la tige et la racine. Dans la structure primaire et normale de la tige, le bois est séparé de l'écorce par du liber ; dans la structure primaire et normale de la racine, on ne voit pas de liber entre le bois et l'écorce. On connaît plusieurs cas où le péricycle lui-même disparaît en face des vaisseaux de la racine.

Les groupes libériens sont intimement annexés aux groupes ligneux dans la racine comme dans la tige et placés sous leur dépendance et il n'est pas nécessaire d'y voir des faisceaux distincts. Seulement deux cas peuvent se présenter au point de vue de leur répartition et dans les deux on reconnaît que, subordonnés aux vaisseaux, ils sont relégués à la place laissée par ces derniers, dont les relations avec l'écorce sont invariables à la période primaire. Dans le cas le plus fréquent, l'appareil de soutien des racines se concentre vers

l'axe. Il serait difficile de dire s'il y a là une disposition primitive ou
secondaire ; en tous cas, elle est parfaitement adaptée aux conditions
biologiques du membre. Si nous envisageons les différences qui
s'observent entre les tiges d'un même individu, suivant les conditions
diverses auxquelles chacune d'elles est adaptée, nous constaterons
facilement une semblable confluence vers l'axe du système mécanique dans les souches et les rhizomes, tandis que dans les portions
dressées et surtout dans certaines hampes florales les faisceaux
s'écartent énormément et souvent même des éléments scléreux corticaux sont le principal tissu de soutien, la moelle, d'abord dilatée,
finissant par disparaître entièrement. En un mot, les parties aériennes
et dressées tendent à devenir des colonnes creuses ; les parties souterraines, rampantes ou plongeantes, tendent à constituer des colonnes
pleines. De telles tendances, manifestes dans les tiges, sont singu-
lièrement exagérées dans les racines, chez qui l'habitat souterrain
et le géotropisme positif sont de règle. On sait aussi que le milieu
souterrain entrave le développement du stéréome, en sorte que les
vaisseaux constituent dans les racines la partie principale de l'appareil
mécanique. Dans ces conditions, la plasticité des cordons libériens
n'opposant pas grande résistance à la tendance des vaisseaux à se
concentrer sur l'axe, la disposition dans laquelle les groupes libériens
liés à chaque groupe vasculaire sont refoulés latéralement est
évidemment la seule qui ait pu persister. L'étroitesse de l'espace
laissé libre par les vaisseaux réunis en un cordon stelliforme entraî-
nait aussi nécessairement la fusion des groupes libériens dépendant
de deux bandes vasculaires voisines, de même que dans le houblon
et bien d'autres plantes on voit deux stipules concrescentes en une
languette unique dont chaque moitié se rattache à une feuille distincte, quand l'espace interpétiolaire trop restreint ne permet pas
à deux stipules de s'étaler librement.

Cette subordination du liber au bois dans la racine ressort de ce
fait que, chaque fois qu'un groupe ligneux devient indépendant, les
demi-îlots libériens contigus l'accompagnent ; et dès que ceux-ci ont
la place nécessaire, ils se rejoignent en un groupe libérien comme
dans un faisceau collatéral de tige. Cette dernière particularité n'est
pas limitée aux Légumineuses. Cette famille est, il est vrai, la seule

connue dans laquelle la formation d'une sorte de moelle mette au large les faisceaux de la racine; mais le même résultat est atteint chez les Lycopodinées par une voie différente. La racine s'y disloque entièrement par bipartitions répétées et chaque faisceau se trouve ainsi, au moment où une racine binaire se dichotomise, isolé dans une masse de parenchyme. Ici comme dans les plantes qui nous occupent, les demi-groupes libériens se réunissent du côté de l'axe de la racine et constituent des faisceaux collatéraux inverses comme chez les Légumineuses. Ce même type est donc réalisé chez des plantes très éloignées et dans les deux cas où les bois non concrescents permettent à tout le système conducteur de s'étaler sans entraves.

Il serait intéressant de savoir si la disposition primitive du rhizocycle est la disposition rayonnée d'où les faisceaux collatéraux à liber interne dériveraient par une dissociation liée à la présence d'une moelle ou à des bifurcations répétées du membre, ou si ce n'est pas plutôt la disposition habituelle de la racine qui résulte d'une concrescence de faisceaux collatéraux. D'après la facilité avec laquelle le type à faisceaux collatéraux se produit dans un groupe aussi inférieur que les Lycopodinées, il est assez vraisemblable qu'il ait existé déjà dans les formes d'où dérivent les plantes vasculaires actuelles. Il est même remarquable que plusieurs ophioglosses, des lycopodes ne présentent pas de vrais rhizocycles, mais de simples faisceaux pourvus d'une bande ligneuse et d'une bande libérienne.

Mais, d'un autre côté, Bertrand a montré des transitions très nettes entre la structure radiée et la disposition cyclique dans les tiges de plusieurs cryptogames vasculaires. Les données de l'anatomie comparée et de la paléontologie ne sont pas suffisantes pour démontrer quel est le type primitif et quel est le type dérivé dans la disposition actuelle des faisceaux de la tige et de la racine des plantes supérieures. La constatation du passage de l'un à l'autre dans quelques groupes isolés ne permet pas de décider si l'on assiste à une transformation devenue désormais constante ou bien au retour à un type ancestral. C'est là une question d'appréciation qui variera avec les auteurs. Ce qui nous importe, et nous pouvons être affirmatif sur ce point, c'est que, dans la racine comme dans la tige, les types à faisceaux collatéraux isolés et les types à faisceaux confluents et même à bois stelliforme rapproché de l'axe sont parfaitement réductibles l'un à l'autre. Nous pouvons donc en conclure que le groupement des éléments conducteurs observé sur une coupe moyenne de tubercule d'une Légumineuse, caractérise un rhizocycle, mais un *rhizocycle astélique*. Aucun doute ne peut subsister sur la nature radicale de cet organe, la morphologie interne confirmant les données de l'organogénie.

Faisceaux dans les racines agrégées. — Quand plusieurs radicelles concourent à l'édification d'un tubercule, les coupes pratiquées à la base montrent autant de rhizocycles juxtaposés, dont chacun possède encore son individualité. Dès qu'ils pénètrent dans la région renflée, les rhizocycles se dichotomisent à plusieurs reprises comme dans le premier cas. Mais les faisceaux issus d'un même cylindre, au lieu de conserver entre eux la disposition cyclique, prennent place successivement dans un cercle plus vaste et unique comprenant tous les cordons conducteurs étalés à une distance uniforme de la périphérie. Dans la région moyenne, tous ces faisceaux constituent un rhizocycle astélique unique, homologue de celui des tubercules formés d'une seule radicelle. Seulement il n'est pas isologue de ce dernier, puisque l'unité nouvelle se compose de plusieurs éléments équivalents chacun au rhizocycle entier de celui-ci. En un mot, nous avons affaire à une *racine agrégée*, dont l'origine est identique à celle des bourgeons agrégés des pétasites (voyez notre *Tige des Composées*, 1884), des Ombellifères, etc. On sait que, dans ces plantes, plusieurs unités gemmaires sont distinctes au niveau de leur insertion, comme si, de l'aisselle de la feuille embrassante, devait se détacher un verticille de branches. Et en effet, dans les verticilles ombellaires, les cladocycles correspondants se rendent dans autant de rayons. Mais, au niveau des feuilles végétatives, tous ces petits cylindres, formés en face de nervures multiples de la feuille, convergent vers le bourgeon médian, intercalant leurs faisceaux entre les siens et constituent un cladocycle unique, homologue, mais non isologue des rayons de l'ombelle. C'est ce même retour à l'unité morphologique que nous constatons dans la combinaison par agrégation de plusieurs radicelles dans un tubercule de Légumineuse.

Les gros tubercules de *Vicia sepium* nous ont offert une particularité intéressante. Dans un cas où deux radicelles concrescentes formaient un renflement ovoïde allongé, légèrement stipité, une coupe transversale pratiquée dans la région moyenne révélait la disposition cyclique, astélique des faisceaux inverses. Mais en remontant vers l'insertion du membre, tous les faisceaux se réunissaient progressivement, en sorte qu'au niveau du rétrécissement ils étaient réduits à deux, ayant un bois très volumineux en dehors et un liber en fer à cheval, entremêlé de fibres et entourant la face interne et les côtés du groupe vasculaire. Au niveau de l'insertion, chacun de ces faisceaux était de nouveau dissocié suivant le plan de symétrie et deux rhizocycles binaires à bois parallèles se raccordaient à deux bandes vasculaires de la racine et à trois bandes libériennes. Ainsi les deux groupes vasculaires supérieurs avec les groupes libériens correspondants s'étaient unis en un seul faisceau collatéral ; les deux faisceaux inférieurs s'étaient comportés de même. L'agrégation de deux racines binaires en une seule racine binaire astélique s'était donc réalisée avant que les faisceaux se fussent dissociés en un cercle plus complexe.

Faisceaux dans les tubercules ramifiés. — Quand les tubercules présentent à leur extrémité des digitations ou des ramifications plus complexes, les faisceaux se partagent entre ces branches. Ceux qui regardent la face externe se continuent directement dans les dichotomies ; ceux qui arrivent au voisinage du plan de séparation se comportent diversement. Tantôt ils se rendent dans un des lobes, tantôt ils se bifurquent pour donner une branche à chaque portion. Quelques-uns s'incurvent brusquement pour venir compléter le cercle et sur les coupes pratiquées au-dessous de la séparation on distingue des cordons conducteurs qui, à première vue, semblent disséminés sans ordre dans l'intérieur de la masse médullaire. Ces faisceaux obliques s'anastomosent parfois avec d'autres qui viennent de la face opposée et de ces points de jonction partent de nouvelles divisions. La manière dont se comportent ces faisceaux rappelle ce que nous montrent certaines feuilles composées à la naissance des pétioles secondaires. De tout cela il résulte que le rhizocycle unique s'est bifurqué en plusieurs cylindres dont chacun se rend dans une digitation. C'est un procédé comparable à la polystélie des tiges, mais dans ce cas encore ce terme n'est guère applicable, puisque la structure astélique se retrouve dans chaque nouveau cycle fasciculaire. Le rhizocycle est devenu polycyclique sans cesser d'être astélique.

Structure secondaire des faisceaux. — On n'a pas décrit jusqu'ici de formations secondaires dans les faisceaux des tubercules, ou plutôt elles ont été prises pour des éléments de la structure primaire, ce qui n'a pas peu contribué à compliquer les théories émises au sujet de la nature de ces organes. Sur les faisceaux jeunes (fig. 5), on rencontre fréquemment une couche génératrice de 2-3 assises de cellules entre les vaisseaux et le liber. Elle peut se borner à donner un peu de tissu cribreux et quelques nouveaux vaisseaux après que le procambium a fini de s'organiser. Dans les gros faisceaux à liber semi-lunaire, le cambium est aussi disposé en croissant. La production du liber secondaire devient même prédominante vers les pointes. Puis le péricycle situé en dehors des plus vieilles trachées se segmente ; ses assises internes donnent naissance à de petits îlots de tubes cribreux et les faisceaux deviennent concentriques. Nous avons vu parfois le péricycle former du liber en dehors sans que l'assise génératrice interne ait fonctionné. On obtient ainsi des faisceaux bicollatéraux qui simulent assez bien un rhizocycle binaire, bien qu'un seul des deux îlots libériens appartienne à la structure primaire. Celui-ci est généralement le seul qui présente des fibres libériennes, dans les couches les plus éloignées du bois. Les formations secondaires sont parfois assez précoces. Sur de jeunes tubercules très vigoureux de *Vicia sepium* de l'année, recueillis au mois de mai, nous avons trouvé, parmi une dizaine de faisceaux collatéraux inverses, un faisceau qui, outre le liber interne muni de grosses fibres, présentait en dehors un petit îlot de tubes cribreux sans fibres ; mais ce tissu secondaire très apparent sur les coupes équatoriales, s'amincissait à mesure qu'on approchait de la racine mère et disparaissait bien loin du niveau d'insertion, où tous les faisceaux avaient repris l'aspect primaire.

Ainsi les faisceaux collatéraux inverses des tubercules peuvent simuler des faisceaux bicollatéraux ou concentriques, comme cela se présente si souvent dans les faisceaux directs disséminés dans le parenchyme fondamental des pédoncules ou des hampes florales ;

mais, contrairement à ce qui s'observe dans les tiges, cette disposition n'est pas primitive. On conçoit d'ailleurs qu'une étude attentive de l'insertion et du développement du tubercule était nécessaire pour éloigner toute confusion entre cette structure et celle d'une racine munie de plusieurs rhizocycles véritables.

Histologie. — La structure même des faisceaux offre peu de variation. Le nombre des vaisseaux atteint souvent 8-10 à la base (fig. 6) et même une trentaine par exemple chez le *Vicia sepium*. Il diminue au cours des bifurcations, se réduit à 2-1 au sommet, et dans le tissu terminal les cordons procambiaux ne présentent plus aucune organisation ligneuse. N'oublions pas que le nombre des vaisseaux varie aussi avec l'âge. Tantôt c'est le bois, tantôt ce sont les tubes cribreux qui disparaissent les premiers ; les plissements endodermiques subsistent beaucoup plus loin que les éléments conducteurs. On constate aisément la dichotomie vraie des cordons ligneux sur des macérations (fig. 10) et l'on trouve ces préparations toutes faites sur les tubercules vidés naturellement. On la reconnaît aussi sur les coupes transversales (fig. 7). Dans ce cas l'écartement progresse de la partie la plus large vers la partie la plus étroite, c'est-à-dire de la périphérie vers l'axe, et les vaisseaux destinés aux deux branches de bifurcation sont séparés avant le liber. Si l'on n'avait soin de comparer les coupes faites à ces niveaux avec la série des coupes qui précèdent et qui suivent, on pourrait croire que l'on a affaire à un rhizocycle binaire. Il est vrai que le liber localisé à la face interne mettrait déjà en garde contre cette confusion. Toujours est-il bon d'en signaler la possibilité, d'autant plus que l'on admet ailleurs l'existence de cylindres de racine, dont le liber est avorté sur une face.

Le liber présente assez souvent, comme dans les racines ordinaires des Papilionacées, des fibres libériennes isolées ou formant des îlots au voisinage du péricycle. Les tubercules des mélilots, des *Dorycnium*, de plusieurs *Vicia*, en offrent de beaux exemples. On ne confondra pas ces cellules prosenchymateuses avec des vaisseaux, car leurs parois épaissies sont cellulosiques et ne se colorent ni par la phloroglucine ni par la fuchsine. Sur les coupes longitudinales ou les dissociations, l'absence des ornements propres aux vaisseaux suffit pour les distinguer.

Le péricycle est simple dans les faisceaux jeunes et étroits; mais il ne conserve pas partout ce caractère, comme l'ont admis Van Tieghem et Douliot ([22]). On y voit apparaître çà et là des cloisons tangentielles (fig. 7, *p*) ou même une division active qui y produit 2-3 assises dans tout le pourtour (fig. 6). On voit nettement dans ce cas le liber distinct des assises périphériques. Le péricycle garde à ses éléments des parois minces avec un contenu protoplasmique très granuleux, où l'on distingue un gros noyau.

L'endoderme différencié au contact du faisceau présente la structure typique : les faces radiales et transverses sont munies de cadres épaissis et subérisés, fortement plissés sur les premières, plans sur les secondes. Le reste des membranes est mince et cellulosique. A la base, l'endoderme du rhizocycle se raccorde avec celui de la racine mère par la différenciation d'une bande de cellules qui traverse le parenchyme et sur laquelle se montre assez souvent le réseau caractéristique. Ailleurs cette assise de raccordement est assez peu nette et Tschirch ([67]) en a nié l'existence chez le lupin. Le contenu des cellules endodermiques ne diffère pas encore de celui des éléments procambiaux qu'elles entourent, ni des cellules méristématiques qu'elles limitent, à une période du stade procambial où les plissements se colorent déjà nettement par la fuchsine et se distinguent à leur épaisseur; plus tard, le suc cellulaire y devient plus abondant que dans le péricycle, les cellules s'allongent bien davantage, en sorte que les coupes passent rarement par le noyau et l'endoderme apparaît comme une assise bien moins opaque que les tissus du faisceau lui-même. Comme l'endoderme de la racine mère, celui des faisceaux du tubercule peut subériser tardivement toutes ses parois. En ce cas, certaines cellules échappent à cette transformation et des éléments perméables grâce à la persistance de la cellulose sur les faces tangentielles restent entremêlés aux cellules protectrices. L'abondance de ces cellules perméables augmente vers le sommet. Tschirch ([67]) a appelé l'attention sur cette particularité.

Dans des tubercules de *Vicia sepium* vidés de leur contenu, sauf au niveau du méristème terminal qui continuait à être alimenté par les faisceaux, Tschirch ([68]) a observé un éclatement de la gaine endodermique du côté externe, phénomène dû sans doute à la prolifération des tissus du faisceau. Mais dans ce cas le rôle protecteur de l'endoderme est réalisé par un autre procédé, car les cellules parenchymateuses voisines se cloisonnent tangentiellement et constituent un véritable liège en face de l'interruption.

Parenchyme.

Anatomie. — Le parenchyme compose la plus grande masse des tubercules ; il les constitue même entièrement au début, avant que les cordons procambiaux se soient organisés dans son sein. Cet état primordial est si éphémère, qu'il est relativement rare de l'observer. Aussi doit-on croire à une erreur d'observation de la part des auteurs qui, comme Bivona ([3]), Fries ([28]), A. P. de Candolle ([12] et [13]), Clos ([14] et [15]) et Tulasne ([69]), ont vu dans ces organes une simple masse cellulaire.

Nous ne reviendrons pas sur la nécessité de distinguer du parenchyme les tissus appartenant à la racine mère ; nous avons suffisamment fait ressortir, à propos de la poche, les confusions faites sur ce point par les auteurs. De Vries ([70]) est un des premiers botanistes qui ait bien compris la structure du parenchyme et les relations des zones qui s'y rencontrent. A leur état jeune, dit-il, les tubercules du trèfle rouge sont entièrement méristématiques et remplis dans toute leur étendue d'un contenu albuminoïde dense. Leur sommet persiste indéfiniment à cet état ; mais la base ne tarde pas à se différencier. Une couche corticale à petites cellules s'oppose à une couche médullaire à grands éléments. Tréviranus ([64]) avait déjà reconnu cette dernière comme un noyau rougeâtre. Cette teinte, sur des renflements qui sont en pleine période d'évolution est parfois d'un brun foncé ou d'une couleur approchant de celle du jambon fumé.

Prillieux ([53]) nomme « zone amylifère » la couche corticale parcourue par le système conducteur et la distingue avec soin de la couche subéreuse correspondant à la poche et il appelle cellules spéciales les éléments de la masse centrale.

Tschirch ([67] et [68]) a insisté sur ce fait que, dans certaines espèces comme le *Vicia sepium* et le *Robinia*, les tubercules se vident chaque année en automne à l'époque de la maturité des fruits, mais ne

périssent pas pour cela. Le méristème, relié à la racine mère par
les faisceaux protégés par leur endoderme, reste vivant et continue
à croître; la croissance se localise souvent en plusieurs points, en
sorte que le tubercule est surmonté de digitations. Il est bon de noter
cette disparition du parenchyme dans les tubercules vivants, car
l'absence de cavité intérieure avait été signalée par Cornu ([17]) comme
un caractère permettant de distinguer à première vue un tubercule
de Légumineuse d'une galle de *Phylloxera*. Au reste, il y a trop
d'autres propriétés saillantes opposant entre eux ces deux ordres
de formations pour que l'on puisse regretter l'infidélité de celle-ci.

Au point de vue purement anatomique, il y a peu de chose à ajouter à ces descriptions. Toutefois, on n'attribuera pas une trop haute
importance morphologique à la division du parenchyme en zones
distinctes sur laquelle insistent la plupart des auteurs. Ces zones
n'ont pas en effet la valeur de régions anatomiques définies; elles
sont produites dans une masse commune au début; leurs limites ne
sont pas absolument régulières et varient aux divers stades du développement. Comme on a pu le remarquer, elles ont été généralement
caractérisées par la nature du contenu des cellules. Or c'est là le cri-
terium le moins fidèle, car de profondes transformations s'opèrent à cet
égard. Aussi, tandis que Prillieux ([33]) nomme zone amylifère la couche
enveloppante, Cornu ([17]) déclare que, si l'on était embarrassé pour
discerner un tubercule de Légumineuse d'une excroissance de vigne
phylloxérée, « le caractère différentiel qu'il faudrait rechercher
immédiatement, c'est la présence de l'amidon, qui est situé principalement dans la zone corticale chez les renflements phylloxériques;
chez les nodosités des Légumineuses, cette zone en est dépourvue ».
On pourrait penser que l'opinion de Cornu tient à ce que cet observateur appelait zone corticale la poche provenant de la racine mère.
Cette région elle-même n'échappe pas à la variabilité qui caractérise
les tissus propres de la radicelle tuberculeuse, car elle est sur certains renflements jeunes, par exemple ceux du *Vicia sepium* au
printemps, bourrée d'un contenu amylacé. Lecomte ([59]) d'autre part,
ayant rencontré des tubercules sur les rhizomes, assure que, « si
l'on examine les coupes sans enlever l'amidon, on constate que les
tubercules n'en contiennent pas, tandis que la tige sur laquelle ils

sont insérés en renferme beaucoup ». Si les tubercules en question sont de même nature que ceux des racines, il est certain que l'état observé par Lecomte était transitoire. Il est donc indispensable de suivre les tubercules à leurs différents âges et de décrire les aspects successifs que revêt leur parenchyme.

Si nous pratiquons une coupe dans un jeune pivot de *Melilotus officinalis,* de manière à passer par l'axe d'un tubercule naissant, déterminant un léger soulèvement de l'écorce qui le recouvre, nous voyons une masse de cellules issue d'un cloisonnement répété des éléments du péricycle. Leur contenu est entièrement albuminoïde ou pour mieux dire protoplasmique. Pourtant ce tissu embryonnaire diffère déjà beaucoup des méristèmes ordinaires. L'action excitante du cryptogame qui l'habite a provoqué dans un certain nombre d'éléments une organisation que l'on n'est pas accoutumé à rencontrer dans les organes végétatifs ordinaires et qui est caractérisée par la remarquable densité du cytoplasme et par la grande taille du noyau. Ces éléments, que nous appellerons désormais avec Prillieux ([53]) les *cellules spéciales,* rappellent d'une façon saisissante les cellules jeunes de l'albumen des graines et mieux encore les cellules mères des grains de pollen. Elles forment d'abord une masse compacte, entourée de cellules ordinaires dont la puissance varie suivant les plantes.

Dans le mélilot et dans la plupart des autres espèces, les cellules ordinaires forment au sommet une zone étendue ; dans d'autres, le *Galega officinalis* par exemple, elles se réduisent à une seule assise rarement cloisonnée ; c'est le méristème terminal des auteurs. Ce tissu se prolonge sur les côtés par un revêtement toujours étroit, ne différant en rien de l'enveloppe terminale dans le type du *Galega* (fig. 21, *p*), mais subissant plus tard des transformations dans diverses Légumineuses. Enfin, à la base, ce tissu ordinaire acquiert une grande puissance, en sorte que les cellules spéciales sont séparées du bois de la racine, indépendamment du raccordement endodermique, par un nombre considérable d'éléments rappelant les parenchymes jeunes des racines normales.

Pendant la première période que nous envisageons jusqu'ici, les cellules ordinaires, comme les cellules spéciales, ont un contenu purement protoplasmique. Les unes et les autres se divisent abondamment, en sorte qu'il n'y a pas lieu d'envisager la zone terminale comme exclusivement réservée au rôle des méristèmes. D'autre part, les limites entre les deux sortes d'éléments ne sont pas tranchées ; à leurs confins on rencontre des cellules à contenu médiocrement opaque et à noyau intermédiaire par sa taille à ceux des types extrèmes. Quelques cellules de parenchyme ordinaire s'intercalent entre les cellules spéciales, en sorte qu'au début même, on ne saurait dire au juste où commencent et où finissent les zones désignées sous les noms de parenchyme extérieur et intérieur. Cette confusion ne fera que s'accentuer plus tard, car certaines cellules spéciales perdront leurs caractères propres, qui seront revêtus par des éléments jusque-là indifférents.

Dans certains tubercules volumineux comme ceux du *Vicia sepium*, les éléments les plus internes perdent de bonne heure leur nature spéciale, prennent un contenu clair, souvent riche en amidon et se distinguent à l'œil nu, comme une sorte de moelle translucide dans l'axe de la moelle opaque.

A côté de ces variations, il y a un point plus constant dans la répartition des éléments du parenchyme, c'est que les cellules spéciales bien caractérisées ne s'étendent pas en dehors du cercle des faisceaux. Il y a donc une zone, correspondant au parenchyme externe (sens restreint) au procambium des auteurs, au sein de laquelle sont plongés les faisceaux et qui est dépourvue de cellules spéciales. Ses limites, abstraction faite de leur légère inconstance, sont sinueuses, car elles présentent une dépression au niveau de chaque cordon conducteur. Cette assise a bien certainement l'apparence d'une écorce ; elle en a peut-être la signification physiologique ; mais, remarquons-le bien, les faisceaux s'y enfoncent au lieu d'être, comme disait de Vries ([70]), situés à la limite des deux régions. Dans un sens strictement anatomique, ce n'est pas une écorce opposée à une moelle ; le tissu cortical et le tissu médullaire ne sont ici que deux modes d'organisation du parenchyme général. Au reste, la distinction entre une écorce et une moelle n'est pas mieux accusée dans les tiges astéliques. Une moelle vraie n'est autre chose qu'une portion de parenchyme séparée de l'écorce par inclusion, grâce à la concrescence

latérale des faisceaux en un cylindre central. Nous n'avons pas à
nous occuper ici des fausses moelles qui résultent, par exemple dans
bon nombre de racines volumineuses, de la dissociation des éléments
conducteurs typiquement confluents en un rhizocycle compacte.

Dans les tiges ordinaires où les deux portions du parenchyme sont
séparées par un endoderme continu autour d'un cylindre conducteur,
on comprend que, malgré leur homologie, elles répondent aux
influences histogénétiques si différentes auxquelles chacune d'elles est
soumise et prennent des caractères très distincts. Ici une différenciation analogue s'opère entre les deux portions du parenchyme qui
répondent par leurs rapports et leur situation, d'une part à la moelle,
de l'autre à l'écorce. Ce fait est d'autant plus intéressant qu'il n'y a
plus de limite anatomique entre les deux zones et qu'au niveau du
contact les éléments se laissent entraîner par l'adaptation qui, suivant l'époque, les annexera à la portion externe ou à la portion
interne. Il y a en somme dans le parenchyme une différenciation
histologique en tissu cortical et tissu médullaire préexistant à la
limitation anatomique des deux régions correspondantes.

Histologie. — Les cellules ordinaires du parenchyme, notamment
celles du tissu terminal comparé à un méristème, présentent, comme
l'ont déjà indiqué de Vries ([70]) et Frank ([24]), les particularités ordinaires d'un point de végétation. Les parois sont minces, le cytoplasme
entremêlé de vacuoles ; le noyau est assez volumineux pour occuper
longtemps le milieu de l'élément, sans être refoulé par le suc dans
la couche pariétale. La dimension du noyau suffit souvent pour
opposer ces cellules à celles de la poche, car elle atteint, suivant les
espèces, 6, 8, 9 μ, tandis que les noyaux de l'enveloppe constituée
par la racine mère gardent le plus souvent une petite taille, 4 μ
par exemple. Toutefois, ces différences ne sont pas absolues et n'ont
pas la même importance que les caractères d'ordre anatomique. La
production de l'amidon n'y offre rien de particulier.

Schindler ([56]) signale des cristaux d'oxalate de chaux dans la zone
corticale des tubercules de *Phaseolus vulgaris* et *Anthyllis Vulneraria*. Tschirch ([67]) a observé des bâtonnets de la même substance,
enveloppés d'un revêtement cellulosique adhérant à la membrane
cellulaire, chez les *Robinia,* dans tout le tissu où sont plongés les

faisceaux. Le même auteur figure dans la même région, chez le lupin, des cellules dont les parois ont subi un notable épaississement collenchymateux.

Cellules spéciales. — Les cellules spéciales une fois bien différenciées, se distinguent par la membrane, le noyau et le cytoplasme. La membrane, purement cellulosique, est assez épaisse et fenêtrée (fig. 27) d'espaces minces et insensibles au chloro-iodure de zinc, eux-mêmes traversés en tous sens par des barreaux moins fortement développés que le fond même; la perméabilité est ainsi assurée aussi bien que la solidité.

Le noyau (fig. 11) se distingue par son volume qui atteint communément 18 μ et parfois jusqu'à 25 μ dans sa plus grande dimension. Sa structure répond d'ailleurs à l'organisation la plus typique du caryoplasme. On y distingue aisément de nombreux bâtonnets chromatiques sensibles à l'hématoxyline, au vert de méthyle, etc. (*a*), et un nucléole très volumineux (*b*), brillant, nettement limité et paraissant, après traitement par l'acide picrique, muni d'un double contour. Il atteint les plus fortes proportions dans les éléments jeunes (fig. 30), par exemple 4 μ dans des noyaux qui en mesurent 12; il s'élève jusqu'à près de 5 μ dans les éléments entièrement évolués. On y voit souvent un nucléolule. Ces magnifiques éléments n'ont guère d'analogue que dans les cellules génératrices. On pourrait être surpris qu'ils aient été méconnus par divers auteurs, à moins que leur rare beauté suffise à expliquer qu'on n'ait pu s'attendre à les trouver tels dans des productions considérées comme morbides.

C'est ainsi que Woronin ([77]) signale, à côté des éléments du cytoplasme dont nous parlerons plus loin, « un corps beaucoup plus volumineux, qui rappelle quelquefois un nucléus de cellule bien déterminé, mais dont la forme la plus ordinaire est celle d'une étoile irrégulière à contours indécis. On dirait que ce corps émet dans tous les sens des processus mucilagineux. La nature morphologique et la signification de ce corps, ajoute l'auteur, me sont restées inexplicables .» On se demandera d'abord si Woronin n'employait pas de réactifs capables de contracter et de déformer le noyau. Mais il faut songer aussi à une difficulté d'observation résultant de la densité du cytoplasme. Si l'on se reporte à la figure de Woronin, et qu'on la compare à des coupes un peu épaisses examinées sans le secours d'aucun réactif colorant ou éclaircissant, il devient évident que les bords du noyau étaient masqués par le cytoplasme inversement proportionnel en épaisseur au noyau qu'il sépare de l'œil de l'observateur.

Prillieux ([33]) a donné une autre interprétation de l'opinion de Woronin. Il pense que les corps nucléiformes en question seraient identiques à des renflements observés sur des cordons muqueux qui traversent les cellules. Nous aurons à revenir sur ces cordons et leurs renflements qui appartiennent à un champignon ; mais les figures données par Woronin ne nous laissent aucun doute sur leur identité avec les noyaux. Prillieux d'ailleurs ne s'est pas occupé de ces derniers éléments.

Frank ([21]) paraît aussi méconnaître le noyau dans les cellules spéciales entièrement développées, et son opinion repose sur la nature parasitaire qu'il attribue aux particules du cytoplasme. Ces corpuscules étrangers finiraient, selon lui, par envahir toute l'étendue de la cellule dans laquelle on distinguait jusque-là, malgré son opacité croissante, le noyau et parfois un suc cellulaire.

Bactéroïdes. — Le cytoplasme ou protoplasma cellulaire est la portion des cellules spéciales qui a le plus attiré l'attention des auteurs, et sa structure a reçu les interprétations les plus différentes. Sur les coupes placées dans l'eau ou dans la plupart des réactifs, il s'en échappe d'innombrables corpuscules qui s'agitent dans le liquide et dont la forme reproduit assez bien celle des *Micrococcus* ou des bacilles.

Woronin ([76]) a le premier fixé sur eux son attention. Pour lui, les corpuscules sont d'abord sphériques, ensuite allongés, ayant 1ᵖ,6 à 2ᵖ,8 de long ; ils se colorent en jaune dans l'iode, en jaune plus foncé ou jaune brun dans un mélange d'iode et d'acide sulfurique : « Ils ont, dit-il, la plus grande ressemblance avec ces organismes de nature douteuse, qu'on désigne sous les noms de *Bacterium,* Duj., *Vibrio,* Ehr., *Zooglœa,* Cohn, etc. » Ils se reproduiraient par scissiparité et par gemmation. Eriksson ([23]) ajoute qu'ils ne sont pas toujours simples ou en bâtonnets, mais plus souvent ramifiés en dichotomie ou arrondis aux extrémités. Ce que le botaniste suédois décrit

comme dichotomies répond à ce que Woronin considérait comme
un bourgeonnement. Eriksson se prononce pour la nature étrangère
de ces corps ; il en fait même de véritables « cellules vibrioniformes »
plongées dans les cellules du tubercule. Sorauer ([61]) est du même
avis. H. de Vries ([70]) y voit des organismes étrangers introduits tardivement dans les tubercules déjà formés. Cornu ([17]) est disposé à y
voir des microorganismes ayant provoqué le renflement. « C'est à
l'opinion de Woronin, dit-il, qu'il paraît le plus raisonnable de s'ar-
rêter, quoiqu'un développement monstrueux *sous l'influence* d'une
Bactérie soit un fait complètement isolé dans le règne végétal. »

Prillieux ([53]) s'étend plus longuement sur leur compte. « Jamais,
dit-il, je n'ai vu les corpuscules présenter nettement la forme tout
à fait cylindrique et régulière de *Bacillus;* ils ont au contraire un
aspect tout spécial : ce sont de courts filaments offrant des renflements et des rétrécissements successifs plus ou moins marqués et
qui, au lieu d'être exactement droits, sont ordinairement un peu
courbés, soit dans un sens, soit dans deux sens différents, en forme
d'S. Souvent, en outre, ces filaments sont un peu ramifiés ; ils portent une ou deux branches courtes partant du filament principal et
ont à peu près la figure d'un X ou d'un Y. Cette apparence singulière ne se produit pas tardivement et seulement après que les
mouvements du corpuscule auraient cessé, comme le dit M. Woronin... »

Le savant professeur met aussi en garde contre une confusion
possible, résultant de la rapide invasion des tubercules ou des cellules dissociées, macérant dans l'eau, par de véritables bacilles et
de véritables vibrions, qu'il ne faut pas confondre avec les corpuscules particuliers du tubercule.

A côté des « corps bactériformes », Prillieux a observé des filaments rameux un peu plus épais, qui lui ont semblé intermédiaires
entre ceux-ci et les « cordons muqueux » mentionnés ci-dessus. Il a
« obtenu un si grand nombre de préparations où les filaments de
plasmodium paraissent se diviser à plusieurs reprises en lobes et se
résoudre en corpuscules, qu'il ne peut guère hésiter à admettre
que les corpuscules bactériformes sont en réalité nés du plasmodium ».

Frank ([24]) s'est beaucoup occupé des corpuscules qu'il nomme petites cellules bourgeonnantes (*Sprosszellchen*). Il les oppose aux vraies granulations protoplasmiques, dont les rapprochent la petitesse et la situation. Il les considère comme de très petits éléments celluliformes, qui ne se tiennent pas entre eux et qui remplissent comme d'une émulsion le protoplasma des cellules du parenchyme interne, de celles-là surtout qui ne se divisent plus. Il ne faudrait pas se prononcer d'une façon trop absolue sur ce dernier point, car les cellules spéciales révèlent de temps à autre les propriétés génétiques qui ne sauraient faire entièrement défaut à des éléments doués d'une aussi haute vitalité. La théorie qui y voit des organismes autonomes est fondée à la fois, selon Frank, sur leur manière de se comporter vis-à-vis des réactifs chimiques, qui concorderait de tous points avec ce que montrent la plupart des éléments de champignons et sur la forme de ces productions. Celle-ci varie avec la plante nourricière. Les *Zellchen* contenues dans une seule et même cellule ne sont pas égales; mais il existe pour une espèce donnée une forme dominante, caractéristique pour cette espèce. Chez le *Lathyrus pratensis* on voit la forme caractéristique de bourgeons à ramifications dichotomes; les étranglements situés çà et là montrent la façon dont les corpuscules se multiplieraient par gemmation. Leurs dichotomies donnent des aspects variant de la forme d'un fémur à celle d'une étoile à trois rayons. La combinaison de ce mode de dichotomie et des étranglements rend compte, selon Frank, de toutes les formes. Les corpuscules de l'*Orobus tuberosus* ont une épaisseur d'un μ. et cette dimension correspond sensiblement à celle des autres Papilionacées. L'aspect plus rameux observé par Frank chez l'*Orobus tuberosus* lui semble révéler mieux encore dans les bâtonnets la nature de Champignons. En tous cas, pour ce botaniste, ces types de croissance et de division ne correspondent certainement pas à ceux des vibrions ou Schizomycètes. L'aspect qui, chez d'autres espèces, telles que les lupins, l'*Ononis repens*, le *Genista germanica*, rappellerait au premier abord des Schizomycètes et plus spécialement des microcoques, se laisserait aisément ramener au même type.

Frank croit aussi remarquer un balancement entre le développement des *Sprosszellchen* et celui des filaments mycéliens. Dans les cellules spéciales entièrement formées, les hyphes, dit-il, existent encore ; seulement ils ne se sont pas accrus dans la même mesure que les cellules de parenchyme ; aussi sont-ils très disséminés ; de plus, l'opacité du protoplasma ne les laisse pas apercevoir si facilement. Leur développement diminuait donc à mesure que les corpuscules se multipliaient. Cette constatation amène Frank à défendre l'opinion que Prillieux venait d'émettre et dont il ne devait pas encore avoir connaissance.

En avançant que ces deux formes appartiennent à un même organisme, Frank convient qu'il est loin de pouvoir baser sa théorie sur des preuves irréfutables. Il ne lui a pas été possible d'observer directement par des cultures la transformation des hyphes en corpuscules, car il n'a pu constater aucune croissance ultérieure, soit dans les coupes de tubercules, soit dans les cultures sur des matières nutritives inertes. Dans l'eau, les corpuscules ne lui ont pas offert de modifications, même au bout de plusieurs semaines. Dans une goutte d'eau sucrée, il a cru voir des filaments très fins, issus d'une ou des deux extrémités de certaines « cellules bourgeonnantes », les autres restant inaltérées. Au reste, ces prolongements cessaient bientôt de croître et périssaient. Il insiste surtout sur ce fait que, dans certaines cellules à parois restées intactes, et appartenant à la région où le protoplasma n'est pas encore opacifié, on distingue de petits amas de corpuscules autour des hyphes qui traversent la cavité. A ces niveaux mêmes les filaments présentaient des nodosités donnant naissance à des sortes de rameaux plusieurs fois dichotomes, semblant se résoudre en ramuscules très fins. Les bourgeons issus des nodosités deviennent de plus en plus semblables aux corpuscules. Les observations concernant le *Vicia hirsuta* semblent à Frank parler avec une netteté spéciale en faveur de cette opinion. Les hyphes eux-mêmes n'ont pas un diamètre notablement supérieur à celui des corpuscules et, comme on y découvre des étranglements, il n'y a guère de différences entre les deux formations. La plupart des *Sprosszellchen* montrent même une transition marquée vers de plus grands fragments d'hyphes. Tous ces arguments sont bien faibles, l'auteur en convient le premier, et ils ont bien moins la valeur d'une démonstration que d'une hypothèse basée sur une coïncidence d'aspect extérieur et de situation chez les objets comparés.

Pour Kny (³⁵), les corpuscules seraient les spores d'un organisme parasite comparable au *Plasmodiophora Brassicæ*, qui produit chez les Crucifères la maladie connue sous le nom de Hernie.

C'est assez récemment, en 1885, que Brunchorst (⁹) émit une théorie tout opposée à celles qui avaient cours jusqu'alors. Les corpuscules auxquels on attribuait une nature cryptogamique ne sont pour lui que le résultat d'une différenciation du protoplasma dense des jeunes cellules. Pour rappeler leur apparence trompeuse, il les nomme *bactéroïdes*. Les bactéroïdes sont formées d'une substance albuminoïde. Elles diffèrent d'aspect suivant les espèces; elles se modifient avec l'âge; elles se multiplient par fragmentation. Brunchorst a reconnu, chez les cellules spéciales jeunes, une structure finement réticulée dans la couche pariétale du cytoplasme. Ce réseau progresse au point de masquer le noyau dans une masse opaque. A cette période le plasma ne paraît plus avoir de structure réticulée, mais donne l'impression d'une masse de granulations égales et uniformes, étroitement entassées. L'auteur croit assez vraisemblable que ces corpuscules procèdent en réalité du plasma contenu dans les mailles du réseau et qu'ils ont dû être réliés entre eux primitivement, bien qu'ils finissent par être indépendants et libres dans la cavité cellulaire.

Brunchorst affirme que les filaments plus volumineux appartiennent bien à un Champignon, et que les bactéroïdes n'ont rien à faire avec eux. Cette nouvelle interprétation n'embarrassa guère les auteurs qui voyaient dans les corpuscules bacilliformes l'agent des fonctions trophiques spéciales des tubercules. Wigand (⁷⁴) a admis que le protoplasma des êtres élevés peut, dans de certaines conditions, se décomposer en particules douées d'une vitalité propre et possédant les caractères d'organismes inférieurs tels que les Schizomycètes. Cette théorie, qu'il nommait *anamorphose*, n'est qu'une forme particulière de la doctrine des Microzymas de Béchamp. Si une telle individualisation des parties d'une cellule est fort problématique, il est moins difficile d'admettre que les mêmes éléments, tout en restant sous la dépendance de l'organisme dont ils sont partie intégrante, soient doués de propriétés physiologiques comparables à celles des Microbes, dont ils reproduisent la forme et l'aspect.

Schindler ([57]), après avoir adopté la manière de voir de Woronin et émis l'idée que ces Microbes, vivant en symbiose avec les Légumineuses, transformaient ou fabriquaient des aliments au profit de l'association, se comportant à peu près à la façon des Champignons dans les mycorhizes de Frank, eut connaissance du Mémoire de Brunchorst au moment de livrer son travail à la publicité, et en admit les conclusions. Il lui semble naturel de voir des portions de la racine même différenciées en vue du but auquel devaient concourir, dans sa première hypothèse, des organismes distincts.

Tschirch ([67]), Frank ([27]), Benecke ([1]), Mattirolo et Buscalioni ([11]), Van Tieghem et Douliot ([22]), Lecomte ([39]), se rangent à l'avis de Brunchorst. Tschirch crée pour le parenchyme rempli de ces corpuscules le nom de « tissu bactéroïdien ».

Hellriegel ([32]), sans avoir fait des bactéroïdes une étude spéciale, admet implicitement que ce sont des bactéries, par cet unique motif que ses expériences lui ont révélé la présence d'un agent infectieux et que cet agent *doit* être une bactérie. Wigand ([75]), O. Löhrer ([40]), Mattei ([46]), acceptent aussi la vieille théorie. Lundström cherche à l'appuyer sur une série nouvelle d'arguments. Il insiste sur les variations de la teneur des éléments en amidon aux diverses périodes, dans les portions internes aussi bien que dans les portions externes, contrairement à l'opinion des auteurs qui avaient cru pouvoir caractériser une zone par la présence ou l'absence de ce corps. La comparaison d'un grand nombre de tubercules lui a montré que la quantité d'amidon qui remplit les cellules diminue sensiblement en raison inverse de celle des bactéroïdes, et il pense que les bactéroïdes attaquent elles-mêmes les grains amylacés, les rongent et les creusent de profondes excavations, dans lesquelles elles restent longtemps nichées. Il a même cru remarquer que ces organismes grandissaient au fur et à mesure qu'ils dévoraient l'amidon, car la taille des exemplaires observés oscillait dans de larges limites. Quant à leur forme, elle lui semble peu variée ; les figures qu'il en donne s'éloignent assez de l'aspect indiqué par la plupart des auteurs : ce sont des sortes de poinçons effilés à un bout, arrondis à l'autre ; parfois le bout renflé est bifurqué.

Chez quelques exemplaires de *Trifolium repens,* apportés par Lundström dans l'appartement au milieu de janvier et laissés quelque temps dans l'eau, les bactéroïdes subirent plusieurs transformations qui parurent à l'auteur dignes d'attention. Dans leur intérieur se formèrent successivement des corpuscules réfringents, qui se colorèrent en rouge-brun par le chloro-iodure de zinc. Les premiers corpuscules se montrèrent à l'extrémité obtuse des bactéroïdes, puis à l'autre et se disposèrent, soit en une rangée, soit en groupes diversement disposés, souvent réunis en bâtonnets. Leur grandeur était variée et augmentait d'une façon très évidente. Finalement, la bactéroïde était toute remplie de semblables granulations et alors la forme extérieure du corpuscule subissait une transformation notable. Maintes cellules étaient pleines de ces boules et l'on pouvait à peine y discerner la moindre trace des bactéroïdes primitives. Bien que ce mode de formation rappelle souvent une production de spores endogènes, l'auteur ne croit pas qu'il s'agisse de spores, attendu qu'il n'a jamais vu germer les granulations, malgré ses recherches multiples. Il y voit plutôt des sortes de plastides de protéine ou de caséine.

Lundström ne se prononce pas positivement sur les relations des filaments mycéliens avec les bactéroïdes. Toutefois, il lui semble bien difficile de refuser à ces derniers la nature de Champignons, vivant en symbiose avec les racines. Pichi (⁵⁰) exprime les mêmes doutes sur les rapports des corpuscules avec les hyphes ; il ne se prononce pas non plus sur la signification des bactéroïdes ; mais il tend visiblement à les considérer comme des organismes autonomes, bien que ses essais de culture aient été aussi peu couronnés de succès que ceux de ses devanciers ; mais il déclare qu'il ne peut voir autre chose que des spores dans les petites sphères qui se produisent dans leur intérieur. Il ne les a pourtant pas vues germer. Pichi n'a pas connu le travail de Lundström, qui réfutait d'avance son opinion en montrant la nature des gouttes arrondies.

Les caractères morphologiques des bactéroïdes indiqués par les auteurs n'en établissent donc pas la nature cryptogamique. Les propriétés chimiques ne sont pas non plus celles des bactéries; car si l'iode les teint en jaune, si les couleurs d'aniline sont vivement fixées, Tschirch ([67]) a pu, en se fondant sur la pauvreté relative de ces bactéroïdes en acide sulfurique et sur leur grande richesse en acide phosphorique, rapprocher leur substance du groupe des caséines végétales auquel, on le sait, appartient la légumine, et nous venons de voir que, selon Lundström, ce produit se condense dans certaines circonstances en gouttelettes intérieures. Les bactéroïdes se distinguent aussi par une remarquable résistance aux réactifs les plus énergiques. L'acide sulfurique concentré, l'ammoniaque, la glycérine ne les déforment pas ; l'acide picrique, l'acide osmique, le liquide Kleinenberg, les fixent dans leur forme et dans leurs rapports. L'acide formique les rend transparentes, mais ne les altère pas, car après son action elles gardent la propriété de se colorer dans une solution de fuchsine, d'éosine, etc. En présence de ces derniers réactifs, elles ne fixent pas du tout le vert de méthyle ni le vert d'iode. On peut ainsi obtenir des doubles colorations très instructives. Elles se colorent faiblement dans l'hématoxyline alunée.

La motilité a fourni aussi des arguments en faveur de leur autonomie et leurs déplacements ont été considérés, tantôt comme spontanés, tantôt comme purement moléculaires. Au fond, la solution de cette question n'entraîne peut-être pas de conséquences aussi décisives qu'on se l'est imaginé. Non seulement les Bactériacées sont souvent immobiles, mais on ne songe guère à considérer comme des organismes étrangers les éléments qui, comme les globules blancs du sang, se déplacent d'eux-mêmes le long des parois des vaisseaux et continuent à ramper sur un porte-objet.

Woronin ([77]) a vu ces corpuscules échappés des cellules et flottant dans l'eau depuis quelque temps s'animer de déplacements qu'il considère comme spontanés. Eriksson ([28]) a constaté que cette motilité persiste plusieurs jours. Prillieux ([53]), ayant soumis des corpuscules sortis des cellules spéciales à l'action de l'iode, les a vus se colorer très nettement en jaune, sans que pour cela ils cessassent de se mouvoir comme précédemment. Il en conclut que ces corpuscules ne peuvent être assimilés à des bactéries cylindriques et douées de locomotilité, tout en réservant son jugement sur l'hypothèse qui regarderait les corpuscules sphériques comme des *Micrococcus* sans mouvement spontané et les filaments ramifiés comme des files de *Micrococcus* unis à la façon des *Torula*.

Frank ([24]), tout en soutenant la nature parasitaire des bactéroïdes, opinion à laquelle il a renoncé dernièrement ([27]), considérait leur mouvement comme moléculaire. Il l'a le premier signalé dans les cellules intactes. Ces déplacements se remarquaient dans les éléments jeunes où les corpuscules étaient peu serrés, tandis que dans les cellules dont le protoplasma en était rempli au point de devenir très opaque, la translation des particules entassées devenait impossible. Brunchorst ([9]), principal promoteur de la doctrine opposée, constate le même mouvement moléculaire produit très activement vers l'époque de la maturation des fruits, c'est-à-dire au moment où les bâtonnets sont sur le point de disparaître.

Lundström ([43]) ne doute pas de la spontanéité du mouvement. Un des arguments sur lesquels il s'appuie est précisément celui qui semblait à Prillieux particulièrement démonstratif en faveur de la thèse opposée : une goutte de chloro-iodure de zinc introduite dans la préparation arrêtait instantanément les corpuscules. Dans leurs déplacements rapides, il les a vus ébranler, culbuter des grains d'amidon dont ils feraient leur proie d'après lui.

En réalité, les mouvements des bactéroïdes sont arrêtés par certains liquides toxiques, respectés par d'autres qui tuent indubitablement les cellules et dans ces derniers ils ne diffèrent pas des mouvements qui ont paru aux auteurs parfaitement spontanés. Ainsi nous les avons constatés sur des bactéroïdes ayant séjourné trois semaines dans une solution saturée de sublimé dans l'alcool absolu. Ce n'est donc pas par leur action physiologique, mais simplement par leurs propriétés physiques que les liquides influent sur la motilité des corpuscules. Il s'agit donc bien de mouvements moléculaires.

Pour établir que les bactéroïdes sont étrangères au tubercule, on a eu recours aussi à un argument négatif : on a soutenu, et Lundström répétait tout récemment cette assertion, qu'un semblable aspect est absolument inconnu en dehors des Cryptogames inférieurs.

La valeur d'une telle preuve est déjà contestable ; mais, de plus, la règle ainsi posée souffre plus d'une exception. Les Légumineuses elles-mêmes offrent des bactéroïdes en dehors des tubercules.

Schindler ([56]) a observé, sur des racines d'ordre élevé de trèfle et de vesce cultivés dans l'eau bouillie ou dans la terre calcinée, des excroissances spéciales pourvues d'un cylindre central et non de faisceaux dissociés comme dans les tubercules. L'écorce fortement hypertrophiée était le siège unique de la dilatation, et ses cellules renfermaient presque sans exception des organismes très analogues aux bactéroïdes des tubercules proprement dits et astéliques. Bien des cellules en étaient complètement remplies et présentaient le même aspect que les cellules du parenchyme central des vrais tubercules. Schindler a observé les mêmes déformations sur des exemplaires de *Trifolium pratense*, *Phaseolus vulgaris* et *Ornithopus sativus*, provenant de la terre ordinaire.

Benecke ([1]), observant l'extrémité des racines, y a observé souvent dans le point végétatif d'innombrables bactéroïdes sans que ces régions eussent d'ailleurs la moindre apparence morbide. Vöchting ([69 bis]) a pu constater ce fait sur les préparations de Benecke.

H. Molisch ([47]), ayant examiné les tiges aplaties d'un certain nombre d'*Epiphyllum*, a trouvé constamment de nombreux îlots disséminés dans l'épiderme et dans le tissu cortical avoisinant, où chaque cellule renfermait généralement un volumineux amas de protéine. Ce corps a sensiblement la forme d'un fuseau droit ou courbé, d'un anneau ou d'un filament pelotonné, très long et mince. Tantôt les fuseaux présentent d'emblée l'aspect définitif, tantôt ils sont formés d'abord de filaments fasciculés à la manière des raphides, qui se fusionnent plus tard. Bien que ces réserves d'albumine ne présentent pas exactement les réactions des bactéroïdes, elles ont avec ces dernières une analogie qu'on ne saurait méconnaître.

Le règne animal lui-même offre des éléments de même ordre. Nous ne parlerons pas des *granulations éosinophiles* à contour arrondi que l'on rencontre dans les jeunes leucoblastes des oiseaux et que l'on a prises tout d'abord pour des *Micrococcus*. Les *corps bacilliformes* de Van Beneden ([2]) reproduisent à s'y méprendre l'apparence des bactéroïdes des Légumineuses. Dans l'épiblaste d'un embryon de lapin, Van Beneden vit des cellules comprenant deux parties, une masse médullaire et une couche corticale. Le cytoplasme cortical est clair et réticulé; le cytoplasme médullaire est plus foncé et plus granuleux, si ce n'est au voisinage du noyau. Outre des globules adipeux simples et arrondis ou concrescents et lobés, il y a dans la partie interne de la cellule un nombre variable de bâtonnets réfringents droits, à bords parallèles, à épaisseur assez uniforme et dirigés en divers sens. Ces tigelles ressemblent beaucoup à des bactéries et, pour ce motif, Van Beneden les nomme *corps bacilliformes*. Ces éléments se trouvent normalement dans les cellules ectodermiques. Ils existent parfois en nombre très considérable dans une cellule, s'entre-croisant en tous sens et distribués sans aucun ordre. Quelquefois il y en a une telle quantité que le corps de la cellule en paraît être presque exclusivement constitué. La plupart sont rectilignes et ont la même largeur partout; ils sont généralement droits. D'autre part, leur diamètre et leur longueur diffèrent d'un bâtonnet à l'autre. On en voit aussi qui sont légèrement flexueux, quelques-uns moniliformes, comme s'ils étaient formés de granules alignés. Cette disposition rappelle les corps sphériques que Lundström assimile à des spores chez les bactéroïdes. Van Beneden en a trouvé aussi qui étaient claviformes, étant un peu plus renflés à une extrémité qu'à l'autre, ce qui rappelle la forme attribuée aux bactéroïdes par le naturaliste suédois. L'éminent cytologue n'a pu s'assurer si la portion médullaire offrait la disposition de réseau si évidente dans le cytoplasme pariétal.

Des corps bacilliformes de Van Beneden, R. Bonnet (⁶) rapproche certains « bâtonnets cristalloïdes » régulièrement tronqués à angle droit aux extrémités, ou plus aigus, souvent cunéiformes, tantôt isolés, tantôt en groupes, rappelant souvent un paquet d'allumettes, qu'il a observés dans le chorion, l'épithélium utérin, le lait utérin de la brebis. Chez des œufs assez développés les bâtonnets remplissent entièrement certaines cellules du chorion, au point qu'on n'y distingue plus ni le cytoplasme ordinaire ni le noyau, mais un amas de bâtonnets entourés d'une membrane. Dans l'épithélium utérin, ces bâtonnets varient de la limite des grandeurs mesurables à la taille d'un globule blanc du sang. L'auteur avait songé d'abord à les rapprocher des cristalloïdes d'albumine bien connus chez les végétaux ; mais il a renoncé à cette interprétation en raison des réactions qui indiquent certainement un corps organique de nature albuminoïde, doué d'une constitution beaucoup plus résistante que les cristalloïdes. Bonnet (⁷) compare aussi ces bâtonnets à d'autres qu'il a observés chez les Orchis et les Lupins.

O. Hertwig (³² ᵇⁱˢ) a aussi indiqué dans le vitellus des œufs de grenouille des corpuscules albuminoïdes en forme de fuseaux plus ou moins incurvés, mais qui diffèrent notablement des bactéroïdes. Bien plus étroites sont les relations des corpuscules des Légumineuses avec les corps bactériomorphes signalés dernièrement par Blochmann (⁴ et ⁵) dans les tissus et les œufs des insectes. L'auteur colorait ces productions suivant les procédés couramment employés en bactériologie.

Pour nous résumer, les arguments empruntés jusqu'ici à la morphologie, à la microchimie, à la physiologie, à l'histologie comparée, loin de prouver l'autonomie des bactéroïdes, sont bien plus favorables à l'opinion qui y voit une simple différenciation du cytoplasme. Nous compléterons cet exposé critique de la question par quelques observations personnelles qui confirment cette conclusion.

On sait que les bactéroïdes sont plus ou moins résorbées pendant la maturation des graines. On provoque une transformation analogue en enfermant de jeunes plantes dans un espace confiné. Ayant abandonné sans terre ni aliments, dans des flacons bien bouchés, où l'atmosphère était saturée d'humidité, des pieds de trèfle, de *Medicago*, de *Trigonella,* etc., richement pourvus de tubercules radicaux, nous avons vu de nombreuses vacuoles apparaître dans les cellules spéciales. Dans ces conditions, les bactéroïdes devenaient transparentes, leur substance se condensant en globules de légumine disposés de distance en distance. Un certain nombre de corpuscules était donc résorbé, d'autres appauvris et leur substance avait été évidemment consacrée à l'accroissement de la plante et au développement des feuilles qui augmentaient notablement en taille et en nombre.

On distingue parfois sur les coupes un réseau dont les cordons sont constitués par des bactéroïdes ; mais la continuité de ce reticulum et son identité avec les bactéroïdes sont plus faciles à constater dans les conditions suivantes. On pratique sous l'eau avec un scalpel des sections assez fines de tubercules vigoureux et bien pleins, on laisse les tranches vivantes dans l'eau et, au bout de quelques heures, on voit apparaître un reticulum très net, tandis que le reste du cytoplasme forme des grumeaux plus ou moins irréguliers dans les mailles. Nous avons vu cette production en place (fig. 13) ; elle occupait toute la cavité cellulaire. Nous l'avons vue aussi isolée dans le liquide après rupture de la paroi ; elle se montrait alors en fragments plus ou moins étendus (fig. 14) ; ces fragments se réduisaient souvent à 3 ou 4 alvéoles, ou même à des corps plus ou moins rameux, absolument identiques aux bactéroïdes (fig. 15). En recourant à de très forts grossissements, on distingue de légers renflements aux carrefours où aboutissent plusieurs cordons ; on se rappelle que ces renflements s'observent aussi sur les bactéroïdes isolées. On voit aisément le réseau se dissocier en bactéroïdes et la plupart des réactifs amènent brusquement cette décomposition. Les bactéroïdes sont donc, au moins en partie, les débris d'un réseau cytoplasmique formé d'une matière assez spéciale et imprégné de substances albuminoïdes de réserve. Si l'on s'étonnait que cette disposition n'eût pas frappé les excellents observateurs qui ont traité cette question, je rappellerais les difficultés que l'on rencontre lorsqu'on veut constater la continuité des éléments chromatiques du noyau. Ceux-ci se présentent dans la plupart des réactifs, soit comme un amas confus, soit comme des bâtonnets simples ou rameux disséminés dans la substance fondamentale. On n'hésite pas pourtant à y voir les fragments d'une masse pelotonnée ou réticulée.

Selon toute probabilité, toutes les bactéroïdes font partie primitivement d'un réseau très dense ; mais l'observation directe est alors presque impossible. Plus tard, un certain nombre d'entre elles s'en détachent et demeurent dans les mailles. Ces dernières, qui ont peut-être subi la dégénérescence caséinique plus profondément que les autres restées en place, car on y voit souvent les globules de légumine, ont surtout perdu la vitalité propre par adaptation au rôle de réserves. Sur des coupes de *Vicia hirsuta,* abandonnées dans l'eau depuis 4 jours au mois de mars, nous avons distingué un réseau immobile de la plus grande netteté dans lequel s'agitaient d'innombrables globules de légumine animés d'un mouvement moléculaire très rapide.

Cette organisation rappelle ce que Frank ([27]) a observé dans les cellules des excroissances radicales de l'aune. Il a distingué, en effet, dans le cytoplasme deux masses fortement réfringentes, dont l'une tapisse de petites chambres ou des canalicules, tandis que la moins réfringente forme le remplissage des cavités ; il compare cette formation à une éponge dont les interstices seraient comblés par une matière étrangère.

Évolution du parenchyme. —Les cellules spéciales acquièrent de bonne heure les caractères que nous venons d'indiquer. Dès qu'elles s'opposent aux autres éléments du parenchyme par leurs volumineux noyaux, les bactéroïdes existent dans leur cytoplasme, se répandent dans l'eau et s'y agitent d'un mouvement moléculaire assez vif. Avant que les cellules aient atteint leur taille définitive, il y a un stade pendant lequel il se forme des vacuoles en divers points (fig. 30). Le noyau d'ailleurs est trop volumineux pour quitter sa situation médiane. Puis le contenu redevient compacte. Mais à partir de ce moment l'albumine cesse de remplir entièrement les cellules du tubercule : il y a une première production d'amidon.

De Vries ([70]) a déjà constaté à une période précoce la localisation de l'albumine, principalement dans la région terminale, tandis que le reste du tissu en voie d'accroissement est bourré de grains d'amidon.

Prillieux ([53]), qui insiste sur la richesse en amidon de cette zone périphérique, signale également des « grains de fécule mêlés aux corpuscules bactériformes dans les tubercules jeunes et en voie d'accroissement rapide du *Cytisus ramosissimus* ».

Cet amidon n'envahit complètement qu'un certain nombre de cellules qui perdent momentanément les caractères de cellules spéciales. Les cellules amylacées ont une répartition très irrégulière. Les unes confinent directement aux petits éléments corticaux comme si le tissu extérieur envoyait des prolongements dans le tissu central ; d'autres sont entremêlées aux cellules bactéroïdiennes de façon à les isoler entièrement ou à les dissocier en petits groupes.

Si on laisse des tubercules parvenus à cet état se dessécher à demi ou si l'on soumet des coupes à des réactifs capables de contracter le protoplasma, les cellules bactéroïdiennes deviennent entièrement flasques ; leurs parois opposées viennent presque au contact, en sorte qu'à un faible grossissement les cellules amylacées semblent avoir seules persisté, séparées entre elles par des membranes épaisses correspondant aux cellules spéciales elles-mêmes.

Une petite quantité d'amidon peut se former dans toutes les cellules internes, mais alors elle reste localisée à la périphérie et modifie peu l'aspect typique des cellules bactéroïdiennes. C'est ce qu'on peut voir sur de très jeunes tubercules de *Melilotus officinalis*, déjà à l'époque où la plantule n'a d'autres feuilles étalées que les cotylédons. A la périphérie des cellules spéciales et presque contre la membrane, on voit apparaître des bâtonnets amylacés, parfois un peu élargis, qui recouvrent comme des plaques discontinues les bactéroïdes du cytoplasme (fig. 28). La densité du contenu ne nous a pas permis alors de distinguer nettement une formation de leucites aux dépens desquels naîtraient ces grains ; mais leur existence est très probable. On la constate plus facilement dans les cellules qui vont transformer la majeure partie de leur contenu en amidon. Des masses de substance albuminoïde incolore, mesurant de 2 à 6 μ, se séparent de la masse du cytoplasme à la périphérie d'abord où elles sont assez nombreuses pour devenir polyédriques par compression réciproque, puis autour du noyau et enfin dans toute la masse. Le cytoplasme revêt ainsi une apparence réticulée qui doit être distinguée de celle que nous avons mentionnée plus haut au sujet du réseau de bactéroïdes. Des granules d'amidon apparaissent disséminés d'abord dans la portion périphérique de ces leucites ; mais un accroissement rapide les amène à se toucher au centre et l'on a ainsi des grains composés (fig. 29). Le noyau subit des transformations non moins profondes que le cytoplasme, car il présente à peu près la même taille que ceux des racines ordinaires, quand les bactéroïdes ont disparu de la cellule.

Dans certaines espèces, l'amidon est en grains composés dans le tissu qui, auparavant, ne comprenait que des cellules spéciales, tandis qu'il est en grains simples dans les petites cellules du pourtour ; mais il n'y a pas à cet égard de règle absolue.

Il existe donc un stade où l'amidon se rencontre dans les régions les plus diverses du parenchyme de la radicelle et même de la poche ; mais le faisceau nous en a paru dépourvu, y compris le péricycle qui garde un contenu albumineux très dense. Les cordons conducteurs se présentent comme des lacunes blanches sur le fond bleu des coupes traitées par l'iode.

L'amidon formé pendant la période de croissance dans le tissu bactéroïdien est transitoire. Comme l'a déjà indiqué de Vries ([70]), il disparaît progressivement à la base, puis à la région moyenne. Il arrive donc un moment où il prédomine dans la zone où sont plongés les faisceaux et correspondant assez bien à la gaîne amylacée de Sachs.

A. N. Lundström ([43]), dans ces derniers temps, s'est surtout préoccupé du mode de destruction des grains d'amidon. Il en donne une description que nous reproduisons tout en faisant les réserves les plus absolues sur le rôle qu'il attribue aux bactéroïdes dans ce phénomène. Au début, les granules se désagrègent et il se forme une petite dépression sur la face par laquelle ils étaient primitivement unis. La forme et l'étendue de cette dépression varient. Peu à peu la profondeur de l'excavation augmente au point que le granule d'amidon prend l'aspect d'un petit zoosporange. Quand le granule confine par plusieurs faces à d'autres granules dans le grain composé, une cavité peut se creuser sur chaque facette mise à nu et l'on voit ainsi des restes de grains d'amidon de formes très irrégulières. L'auteur a toujours vu au contact de ces grains attaqués des corpuscules analogues aux bactéroïdes qui se nichaient même dans les cavités, augmentaient de nombre et de taille à mesure que les grains se creusaient, et il ne doute pas que le creusement ne soit dû à leur action. Si un tel rapport existe en effet, on peut croire qu'il y a eu confusion entre les bactéroïdes et des bacilles véritables, comme il s'en développe si facilement sur les tranches de tissu bactéroïdien et même dans les tubercules intacts, lorsqu'on abandonne les plantes dans l'eau ou que leur vitalité est ralentie. La présence d'organismes étrangers est d'autant plus vraisemblable que les exemplaires sur lesquels repose la description de Lundström ont été recueillis dans les prairies d'Upsal en plein mois de janvier, c'est-à-dire à une époque où la force de résistance des trèfles en expérience était réduite à son minimum. Nous avons observé de ces mélanges de bactéroïdes et de bactéries où il était presque impossible de distinguer à première vue ces deux sortes de formations.

Il n'en est pas moins vrai que ce mode de destruction est très intéressant et bien différent, comme le remarque l'auteur, de la corrosion observée par Berthold et Reinke sur l'amidon de la pomme de terre. Dans ce dernier cas, en effet, les microbes produisent de petites fissures qui partent de points quelconques de la périphérie et progressent vers le noyau.

La description de Lundström se rapporte-t-elle à un cas particulier et exceptionnel de destruction de l'amidon à la suite d'une infection parasitaire, ou bien est-ce là le mode normal de transformation de l'amidon transitoire des tubercules? Nous ne saurions trancher cette question. Toujours est-il que la résorption a lieu et qu'à la réserve amylacée se substitue, dans la plupart des cellules spéciales, une nouvelle quantité de réserve bactéroïdienne; en même temps, les bactéroïdes augmentent dans les cellules non amylacées, en sorte que ces dernières ne s'aplatissent plus aussi facilement sur les préparations.

Comme le remarque de Vries ([70]), il semblera évident que cette albumine est appelée à jouer un tout autre rôle que celle que nous trouvions dans les plus jeunes tubercules, si l'on songe que cette dernière a été employée à former le protoplasma des tubercules en croissance, tandis que l'autre commence à s'entasser après la fin de la période d'accroissement. Elle-même sera résorbée plus tard; mais, ne pouvant être utilisé dans les tubercules mêmes, ce dépôt trouve son emploi dans d'autres régions du corps, comme le prouvent les conditions dans lesquelles les tubercules se vident.

C'est pendant cette période que le tissu spécial se présente dans toute sa netteté, et c'est d'après des exemplaires arrivés à ce stade que nous avons donné la description générale des bactéroïdes. Nous n'y reviendrons pas.

La plante puise à cette réserve dans les circonstances où ses dépenses l'emportent sur les recettes : nous avons vu les bactéroïdes résorbées par suite de l'inanition et fournir pour l'accroissement des feuilles la substance qui n'arrivait pas du dehors. Une semblable résorption s'opère normalement pendant la maturation des graines. De Vries (70) avait déjà constaté que les cellules spéciales sont très gorgées de bactéroïdes à l'époque de la floraison, tandis qu'en hiver l'albumine est bien moins abondante, quoique répandue encore dans tous les tissus. Les espèces annuelles elles-mêmes gardent jusqu'à la mort une certaine quantité d'albumine dans leurs tubercules et, comme le remarque Tschirch (67), ce reste de substances riches en azote qui revient à la terre est une des sources de ces nitrates dont plusieurs Légumineuses ont la propriété de doter le sol. Cela d'ailleurs ne nous apprend pas d'où ils sont venus dans les tubercules eux-mêmes, ce qui est le point essentiel, car pour les nombreux types à racines superficielles on ne peut pas admettre qu'il y a eu simple déplacement des nitrates puisés dans les profondeurs du sous-sol, assimilés par la plante et rendus aux portions avoisinant la surface par les tubercules surtout développés à ce niveau. Sorauer (62) accepte l'idée de Tschirch.

Tschirch (67) s'est spécialement occupé du sort des tubercules à la fin de la première période de végétation dans les espèces vivaces. Les tubercules eux-mêmes vivent plusieurs années. Chez les tubercules destinés à l'année suivante, le tissu terminal reste bien vivant, relié qu'il est au membre générateur par les faisceaux isolés par leur endoderme propre et par les éléments corticaux au sein desquels sont plongés les faisceaux. Ce tissu produira de nouvelles cellules spéciales à la période suivante. Parfois il se fragmente en plusieurs points de végétation qui prendront plus tard un accroissement autonome et le tubercule sera surmonté d'autant de digitations. Nous savons d'ailleurs que le tubercule peut être lobé de très bonne heure et qu'alors les digitations ont même contenu que le tronc principal dont elles sont presque contemporaines. Selon Tschirch, les cellules spéciales se vident, s'affaissent et se déchirent, ce qui produit des lacunes dans le tissu. A vrai dire, elles ne périssent pas, dans la règle du moins ; elles sont seulement dépouillées de leurs réserves; mais le cytoplasme très clair contient encore un noyau facile à mettre en évidence par les réactifs appropriés et elles sont susceptibles de devenir le siège d'une nouvelle accumulation de bactéroïdes au printemps suivant. Il est vrai que ces éléments flasques et délicats ne résistent pas à toutes les manipulations qu'on leur fait subir et se laissent aisément déchirer par le rasoir qui sert à y pratiquer des sections. Mais il n'est pas rare non plus que ce tissu éloigné des éléments conducteurs ne dépérisse au cours de la mauvaise saison, en sorte qu'on rencontre assez souvent des tubercules dont tout le tissu spécial est détruit. Alors les cellules limitantes ont leurs parois fortement épaissies et subérisées et les zones corticale et terminale, isolées d'une part par cette couche protectrice interne, de l'autre par le liège périphérique, peuvent rester vivantes; mais le plus souvent alors le tubercule périt entièrement et n'est plus représenté que par ces sortes de calices bruns, dont nous avons parlé plus haut. Il y a enfin des tubercules vivaces qui, aussitôt après la maturation des fruits, reconstituent leurs réserves, en sorte que l'on trouve au cœur de l'hiver, par exemple chez le *Trigonella hybrida,* le tissu bactéroïdien aussi bien développé qu'en pleine période de végétation. Tschirch ([07]) a trouvé en hiver sur les racines de *Robinia* des tubercules pleins à côté des tubercules vides. Il remarque à ce propos que chez les espèces vivaces l'évidement n'est pas aussi constant que chez les espèces annuelles.

Outre ses réserves en amidon et en matières albuminoïdes représentées principalement par les bactéroïdes, le parenchyme des tubercules paraît contenir aussi des amides. Ayant laissé séjourner longtemps dans la glycérine des tubercules appartenant à une plante adulte de *Phaseolus multiflorus,* Tschirch observa à côté des bactéroïdes des cristaux analogues à ceux d'asparagine. Toutefois il n'en a pas complètement achevé l'étude chimique. Cette constatation a bien son intérêt, puisque les amides peuvent former de l'albumine en présence d'un hydrate de carbone. D'un autre côté, de Vries ([70]) n'a pu déceler les moindres traces de glucose dans les tubercules, lors même que la racine qui leur servait de support en renfermait une notable proportion.

Frank ([26]) enfin a établi que les tubercules du lupin n'offrent jamais la réaction des nitrates avec la diphénylamine, quand même les portions de l'écorce qui avoisinent le tubercule en dessus et en dessous la possèdent énergiquement. Selon cet auteur, ils ne paraissent pas contenir de nitrates ni de nitrites.

Champignons des tubercules.

Outre les éléments appartenant à la Légumineuse, les tubercules renferment des êtres étrangers dont l'existence était déjà rendue probable par les expériences de stérilisation rapportées plus haut. La nature même du Cryptogame a été diversement appréciée. Il venait naturellement à l'esprit que les Bactériacées devaient être mises en cause et cette idée fut d'autant plus facilement accréditée que les bâtonnets cytoplasmiques avaient été pris tout d'abord pour des Microbes. Cette coïncidence détourna l'attention des botanistes de la voie à suivre pour découvrir l'agent véritable de l'infection. On tint même assez peu de compte d'observations, anciennes déjà, par lesquelles la question était presque résolue.

Eriksson ([23]) découvrit dans le tissu terminal, dépourvu de bactéroïdes, de petits filaments mycéliens intracellulaires, présentant çà et là des nodosités. Il observa en outre, dans les stades jeunes, 3 ou 4 hyphes semblables, mais plus épais, se dirigeant radialement de la surface de l'écorce vers les rudiments des tubercules où ils devenaient bien plus fins et plus rameux.

Restait à établir si ces hyphes sont la cause de la formation des tubercules ou s'ils pénètrent après coup dans un tissu très propre à nourrir des moisissures. De Vries ([70]) se prononce pour la seconde alternative et n'admet aucune influence étrangère dans la genèse des tubercules. Schindler ([58]) tient pour certain que ces organismes ont pénétré tardivement du dehors dans les tubercules plus ou moins altérés. Cornu ([17]) et plus récemment Mattei ([46]) vont plus loin, car ils affirment qu'il n'y a dans les renflements aucune espèce de mycélium.

Prillieux ([53]), ainsi que nous l'avons déjà mentionné incidemment, s'est longuement étendu sur ces formations, qu'il envisage autrement qu'Eriksson. N'ayant pu y déceler de membrane propre, il y voit des « cordons muqueux » et les compare au *Plasmodiophora Brassicæ*. Comme Eriksson il a vu, sur le pois, les cordons muqueux pénétrer de l'extérieur à l'intérieur des tubercules à travers la portion corticale. Dans le *Coronilla glauca,* il a constaté leur présence dans les cellules spéciales, bien que l'opacité du tissu rendît l'observation difficile. Nous connaissons les relations que Prillieux a cru trouver entre ces filaments et les bactéroïdes. D'autre part, il les rapproche des masses épaisses et réfringentes qu'on observe dans les cellules spéciales jeunes.

Presque en même temps, Kny ([34]) décrivait aussi comme un plasmode les cordons auxquels Eriksson avait attribué la nature mycélienne et Woronin ([78] et [79]) considère cette interprétation comme vraisemblable. Dans l'opinion de Kny, les bactéroïdes seraient les spores du Myxomycète. Chez le *Cicer arietinum,* Kny put suivre les cordons plasmatiques à travers plusieurs cellules ; ils étaient parfois bifurqués et présentaient un épaississement local au niveau des cloisons cellulosiques qu'ils traversent. Schwendener ([60]) n'ayant jamais observé de membrane aux filaments dont il s'agit, y voit aussi des cordons plasmodiaux.

Frank ([24]) n'a pas été plus heureux que ses devanciers en cherchant à discerner la membrane des filaments ; toutefois, l'expression de plasmode lui paraît déplacée. Il donne d'ailleurs la véritable explication d'une apparence qui faisait songer à l'aspect de certains protoplasmas nus. On observe souvent des filaments qui sont comme étirés et terminés en pointe plus ou moins allongée. Cette structure se rencontre dans les cellules ayant atteint une grande dimension. Les hyphes, ne s'étant pas accrus dans la même mesure que les cellules elles-mêmes, ont été distendus et rompus en leur milieu ; aussi, en suivant le filament à partir du point où il perfore la membrane d'une telle cellule, le voit-on se terminer par une pointe graduellement effilée ; mais, si la cellule est intacte, on voit généralement un second filament partant de la paroi opposée et se terminant de même en face du premier (fig. 18). D'ailleurs la rigidité des hyphes et leur résistance dans les cellules brisées sont contraires à la nature des plasmodes. Comme Prillieux, Frank a pu déceler la présence des filaments dans les cellules spéciales, bien qu'ils y soient plus disséminés et plus difficiles à apercevoir que dans le tissu terminal. Son attention s'est portée aussi sur les excroissances terminales, ou intercalaires, ou brièvement pédicellées que présentent les hyphes. Il les considère comme de simples suçoirs. Nous ne reviendrons pas sur les relations que Frank a cru observer entre le Champignon et les bactéroïdes.

Les travaux de Brunchorst ([9]) ont fait définitivement rejeter l'hypothèse d'un lien génétique entre le Champignon représenté par les hyphes et les corpuscules des cellules spéciales. En même temps qu'il contestait formellement la nature cryptogamique des bactéroïdes, Brunchorst faisait une observation non moins importante pour établir celle des filaments; mais il en fit peu de cas, les Champignons n'ayant là, pour lui, qu'un rôle tout accessoire. Il vit les filaments pénétrer en forme de cordon dans les tubercules et traverser souvent en droite ligne un grand nombre de cellules. Il décrit une enveloppe bien nette aux tubes mycéliens, mais attribue à cette membrane une nature purement protoplasmique. Mais ce qui doit surtout être noté, c'est qu'il observa une formation de spores chez des tubercules vidés de trèfle et de vesce. Dans ces conditions, les dilatations des filaments grandissent; leur contenu devient granuleux et se divise en un grand nombre de petites spores rondes, très distinctes des bactéroïdes. L'auteur n'a pu suivre la destinée de ces spores. Il n'indique pas non plus la production de cloisons isolant comme un sporange la portion des filaments dans laquelle elles se forment. La membrane qui entoure ces corps multiplicateurs se détruirait entièrement pour les mettre en liberté.

Malgré ces importantes constatations, Tschirch ([67]) eut l'idée d'étendre aux gros filaments eux-mêmes la théorie défendue par Brunchorst au sujet des bactéroïdes. Les hyphes seraient aussi une simple différenciation du cytoplasme. Par une singulière fortune, malgré l'examen tout spécial auquel il soumettait ces formations, Tschirch n'a jamais pu trouver de filaments dans l'écorce externe (poche) et se croit autorisé de ce chef à nier l'origine étrangère du prétendu Champignon. D'après Tschirch, les filaments se présentent d'abord dans les cellules les plus extérieures de l'écorce comme de petites protubérances plasmatiques dépourvues de membrane, se détachant de la couche pariétale et s'allongeant dans la cavité cellulaire sous forme de filaments.

Dans cette théorie il était difficile d'expliquer ce fait, que souvent un même filament paraît continu à travers une longue file de cellules. Voici comment Tschirch combat cette objection. Il a remarqué souvent deux excroissances qui se correspondent de chaque côté de la membrane. Est-ce un épaississement de la membrane elle-même? Est-ce un développement spécial du cytoplasme pariétal? L'auteur n'est pas explicite sur ce point. Il semble pencher pour la première alternative, tout en reconnaissant que la constitution des filaments est plus voisine de l'albumine que des hydrates de carbone des membranes ordinaires. Ces épaississements vont donc partir du même point pour s'allonger dans deux cellules distinctes. De plus, grâce à leur apparition précoce, ces formations existent dans des cellules en voie de division. Un cloisonnement vient-il à s'opérer, elles seront englobées dans la membrane nouvelle et, se dilatant de chaque côté (comme on le voit dans notre fig. 23), en constitueront une certaine partie. Si cette hypothèse est exacte, il semblerait que la membrane cellulosique doit être perforée par le filament qui lui préexiste et qu'elle doit présenter à ces niveaux les réactions des substances albuminoïdes. Telle n'est pas l'opinion de l'auteur. Ayant traité des coupes de tubercule par l'acide sulfurique, il a vu les membranes cellulosiques se gonfler et disparaître. Mais les filaments restaient inaltérés ou du moins prenaient seulement un aspect plus granuleux et à leur niveau on voyait un lambeau de membrane mince, maintenu par le filament lui-même au point primitivement occupé par la paroi cellulaire et s'étendant à une petite distance de chaque côté. C'était évidemment un débris de lamelle moyenne, respecté par l'acide et resté visible seulement au contact des filaments, c'est-à-dire au seul point où il était fixé en place par le tube non modifié, tandis qu'ailleurs la même assise chiffonnée ne présentait plus d'arête vive aux yeux de l'observateur. Tschirch pense que ce débris de membrane est imperforé. Le fait qu'il est maintenu en place par la portion du filament aplatie de part et d'autre comme une virole n'est pas suffisant pour démontrer l'absence d'un étroit pertuis au centre. Mais il devient bien difficile de comprendre la localisation d'une mince couche cellulosique ou cuticulaire à travers un cordon plasmatique préexistant.

Les arguments invoqués par Tschirch lui-même ne sont donc pas tous favorables à son interprétation; cette dernière tombe devant ce fait, qu'un même filament peut être suivi à travers les tissus de la radicelle renflée et l'endoderme de la racine mère, c'est-à-dire entre deux régions qui certainement ne dérivent pas d'initiales communes.

En même temps Frank ([27]) rendait le même arrêt contre les parasites admis jusqu'alors dans les excroissances radicales de l'aune et, reniant son ancienne opinion sur les hyphes des Légumineuses, embrassait sans restriction la théorie de Tschirch. Van Tieghem et Douliot ([22]), Lecomte ([39]), s'y rangent également ; ils voient dans les hyphes, comme dans les petits bâtonnets, des matières albuminoïdes de réserve. Prillieux ([54]) paraît aussi ébranlé dans ses convictions sur l'autonomie de ces organismes.

Malgré ce courant d'opinion, qui semble avoir fait oublier les observations si précises d'Eriksson, Pichi ([50]) vient, dans une note sommaire, de plaider de nouveau en faveur de la nature cryptogamique des filaments, en se basant sur un examen plus attentif de leur structure. Le mycélium, observé à un fort grossissement, se montre formé intérieurement d'une substance hyaline dans laquelle sont plongées d'innombrables granulations de forme variée, mais le plus souvent un peu allongées. Ces granulations se colorent en brun par la teinture d'iode. La paroi extérieure n'est pas toujours très nette ; mais, ayant traité une coupe par la teinture d'iode, puis par l'acide sulfurique concentré, Pichi obtint une coloration azurée qu'il ne peut rapporter qu'à de la cellulose. Au moment où paraissait cette observation de Pichi (fin d'avril), nous venions de signaler le même résultat ([72]). Nous avions obtenu une coloration bleue très marquée sur des filaments débarrassés de la plus grande partie de leur contenu par l'hypochlorite de soude et traités ensuite par le chloro-iodure de zinc ; on voyait dans la gaine bleue des gouttes brunes correspondant au reste du protoplasma non détruit par le premier réactif.

L'existence d'une membrane cellulosique renverse les théories qui voyaient dans les filaments des tubercules un plasmode ou de simples réserves albuminoïdes. Mais s'il s'agit de Champignons, il

semble tout d'abord qu'ils doivent exister en dehors du tubercule.
On doit donc se demander ce qu'ils deviennent si on les soustrait à
cette association et d'où ils viennent?

Les essais de culture tentés par divers auteurs n'ont abouti à
aucun résultat. Et en effet, si l'on isole des filaments des tubercules
jeunes et pleins de vitalité pour les maintenir sur un support inerte,
riche en matériaux nutritifs, ils ne prennent aucun accroissement,
ne modifient pas leurs contours; leur contenu s'altère et devient
granuleux et ils périssent. Les résultats obtenus en maintenant à
l'humidité des tranches de tissu renfermant les filaments ne sont pas
plus encourageants. A cette période il existe donc entre les filaments
et la plante des relations trophiques assez étroites pour que l'évolution des premiers soit absolument enchaînée à celle de la seconde.
Cette solidarité physiologique a-t-elle pour conséquence forcée la
commune origine de ces deux corps? Nullement: les parasites ou les
symbiotes nécessaires présentent des transformations si profondes
destinées à les adapter à la vie en commun, qu'ils ne sauraient vivre
en dehors de leur hôte habituel. Le résultat négatif des cultures
laisse donc intacte la question de l'autonomie des filaments, mais
montre la nécessité de la poser autrement. Dans l'hypothèse d'une
symbiose de Champignon et de Légumineuse, le premier doit, à un
certain moment, mettre en liberté des corps reproducteurs. Ses tendances à s'affranchir ou tout au moins à révéler son individualité
seront donc surtout marquées, quand il aura accumulé dans ses
tissus tous les matériaux qu'il ne peut s'assimiler qu'avec l'aide de
son hôte et quand ce dernier aura normalement sa vitalité ralentie.
L'expérience a justifié cette supposition et montré que, comme les
Algues dans l'association lichénique, les Champignons des Légumineuses acquéraient leur plus grande vigueur pendant le stade de
symbiose, mais reproduisaient seulement à la période indépen-
dante.

Nous prenons des pieds chargés de tubercules d'un an environ.
Ayant constaté sur quelques-uns d'entre eux le fort développement
des hyphes, nous laissons les autres en chambre humide plusieurs
jours. Quelques-uns des renflements considérés parfois comme des
suçoirs prennent alors une taille plus grande et s'isolent du support

par une cloison transversale, particularité méconnue ou niée positivement par les auteurs.

Sur les tranches vivantes placées dans l'eau à cet état, on constate
directement au microscope, par des mensurations successives, la
croissance des sphères terminales, en même temps que le contenu,
bien distinct d'une membrane mince, se divise en masses arrondies
bien plus grosses que les granulations visibles dans le reste du protoplasma. Les boules sont donc devenues des sporanges. Il est facile
d'ailleurs d'établir que les filaments sporangiaux sont identiques à
ceux qui ont été décrits par les auteurs aux stades antérieurs, car
ils ont conservé les mêmes relations, les mêmes dilatations au niveau
des membranes qu'ils traversent (fig. 24) et enfin ils sont en continuité avec des portions qui n'ont pas subi le même accroissement
ni les mêmes transformations. Nous n'avons pas obtenu d'ailleurs,
dans ces conditions, de spores mûres et capables de germer. Au bout
de quelques jours, l'accroissement restait stationnaire ; la membrane
du sporange se déchirait partiellement et les granulations restaient
en place, mises à nu en partie, ou bien étaient dispersées passive-
ment dans le liquide.

Ainsi les cultures artificielles faites avec des filaments parvenus à
un degré convenable de développement nous ont permis d'assister à
la croissance et à l'isolement des sporanges, ce qui nous donne un
renseignement important sur la nature de ces êtres. Pourtant les
conditions anomales ainsi réalisées s'opposaient à leur complète
maturation. Nous avons alors examiné des tubercules entièrement
évolués, comme on en trouve à la fin de l'hiver. Sur le *Galega officinalis*, le *Medicago disciformis*, etc., le parenchyme interne détruit
était parcouru par des hyphes ramifiés, ayant sensiblement la dimension et la réfringence des filaments observés dans les tubercules
vivants, et portant çà et là des renflements terminaux dont les uns
devenaient directement des sporanges, tandis que les autres transformaient leur contenu en une chronispore ou corps conservateur
endogène. A mesure que ces corps reproducteurs mûrissaient, les
filaments qui les supportent se vidaient et finissaient même par être
détruits, en sorte que la plupart des sporanges et des spores durables
semblaient isolés dans le tissu décomposé.

Le sporange mûr atteint environ 20 μ; le contenu, qui auparavant (fig. 32) avait montré l'aspect grossièrement granulé des renflements obtenus dans les cultures, se partage en boules que l'on distingue déjà avant que leurs limites soient bien accusées, grâce à la sphère brillante renfermée dans chacune d'elles (fig. 33). Bientôt ces boules s'isolent entièrement (fig. 34), puis elles s'échappent dans l'eau sous forme de zoospores du type des Monades. La zoospore (fig. 35, 36) est piriforme, portant un flagellum raide et unique, inséré sur un côté du bout large. Une sphère brillante, qui paraît faire une légère saillie, est nichée latéralement et, sur la face opposée, il existe d'ordinaire un petit amas de granulations de teinte sombre. La soie raide, en se courbant, projette brusquement le corps, et les zoospores s'agitent par saccades. Parfois elles se rapprochent et restent appliquées l'une à l'autre par le bout pointu : on distingue un cil à chaque extrémité du couple; les boules brillantes sont souvent placées sur les faces opposées. Nous ne savons trop quelle interprétation attribuer à cette sorte de conjugaison. A un certain moment, il y a, semble-t-il, une soudure véritable sans que le corps des conjoints subisse de modifications visibles. Après s'être déplacées un certain temps en commun, les deux zoospores s'écartent, mais restent maintenues ensemble par une sorte de bâtonnet bien plus épais que les cils (fig. 38), qui paraît être une masse visqueuse étirée, mais qui d'abord reste rigide. Cet état persiste quelque temps et donne au couple l'aspect d'une haltère qui se déplace lentement en culbutant. Puis le pont se coude ou s'incurve; les corps se secouent à plusieurs reprises en sens inverse et, au bout d'un temps qui varie de quelques secondes à plusieurs heures, s'affranchissent entièrement l'un de l'autre, sans qu'il subsiste aucune trace de la substance unissante. Nous avons bien des fois été témoin de cette séparation et dans tous les cas une des zoospores, s'éloignant très rapidement, disparaissait du champ soumis à l'examen microscopique; l'autre, au contraire, tournoyait lentement sur elle-même, faisait quelques sauts peu étendus, puis devenait entièrement immobile; elle perdait son cil, arrondissait son contour, et, après avoir atteint une taille allant jusqu'à 7 μ, s'entourait d'une membrane cellulosique.

Avant de s'enkyster, le protoplasma subit un certain remaniement.

Nous avons fixé plusieurs heures de suite une zoospore qui venait d'être débarrassée de son conjoint. On distinguait dans sa masse, au-dessous du globule brillant, deux grosses granulations plus sombres et presque aussi grandes. L'une d'elles arriva au pôle opposé au cil, lequel était devenu lui-même presque arrondi; elle souleva lentement la couche limitante et devint libre. A ce moment, elle était elliptique; mais peu à peu elle s'allongea et prit l'aspect d'une bactérie. L'autre granulation suivit la même voie et fut expulsée de même. Sans avoir de preuves décisives sur la nature de ces corpuscules, nous sommes porté à y voir des corps étrangers absorbés antérieurement par les spores mobiles. Le protoplasma est alors presque homogène; la sphère brillante s'est effacée et l'on voit dans l'intérieur un espace clair qui semble être une vacuole. C'est à ce stade seulement que le cil disparaît et que la coque cellulosique se forme. On se demande s'il n'y a pas là une sorte de fécondation dont le résultat est de transformer la zoospore en spore.

La difficulté d'isoler ces spores et de trouver un milieu de culture convenable ne nous a pas permis d'en poursuivre le sort ultérieur. Les rudiments des chronispores ressemblent à ceux des sporanges. Un renflement terminal dans lequel s'est accumulé le protoplasma s'isole par une cloison développée soit à la base même de la dilatation, soit un peu plus bas, de manière à comprendre un col, outre la tête, dans l'espace destiné à former l'organe conservateur. Une boule assez réfringente, mesurant 8 µ, 5, apparaît au centre, entourée de granulations grosses et serrées, qui se perdent insensiblement dans le contenu transparent du reste de la cavité (fig. 40). Une coque très épaisse, atteignant progressivement 2 µ, 3, entoure la masse granuleuse et l'on voit la membrane primitive, plus ou moins ratatinée, qui persiste autour d'elle. La coque épaisse présente une plage amincie, elliptique ou linéaire, qui est un pore germinatif. Entre la zone granuleuse et la masse centrale, on distingue assez souvent une aire transparente. Parfois la sphère centrale est fragmentée en boules inégales d'aspect graisseux.

Les caractères des organes de multiplication et de conservation, ainsi que ceux du mycélium qui leur donne naissance, font de ce champignon une Chytridinée du genre *Cladochytrium*; nous le nommons *Cladochytrium tuberculorum*.

Étant donné que les Chytridinées sont des champignons parasites, que les *Cladochytrium* en particulier envoient dans toutes les directions d'un tissu vivant des tubes rameux qui envahissent un grand nombre de cellules dont ils perforent les membranes, il devient fort probable que le mycélium des tubercules vivants est l'appareil végétatif qui a accumulé les matériaux destinés à être dépensés, au moment où les racines se détruisent, pour la production des organes de vie latente ou de dissémination.

Les caractères mêmes des hyphes sont assez conformes à cette hypothèse et plusieurs auteurs avaient approché d'un résultat analogue. Nous laisserons de côté, bien entendu, l'appréciation des auteurs qui voyaient dans ces filaments un plasmode, puisque la présence d'une membrane cellulosique est un fait établi. En dehors de ceux qui y voyaient un allié des *Plasmodiophora*, la plupart des botanistes l'appelaient, à la suite de Frank ([24]), *Schinzia Leguminosarum*. Le genre *Schinzia*, créé autrefois par Nägeli, est resté longtemps assez mal caractérisé, en sorte qu'il n'était guère compromettant de lui rapporter un champignon possédant, comme une des espèces découvertes par Nägeli dans les racines d'*Iris*, des filaments à membrane mince, s'épaississant et devenant ferme plus tard, et comme une autre de ses espèces, des renflements terminaux à contenu mal défini. (C. Nägeli, *Sur des champignons vivant dans l'intérieur des cellules végétales*. Traduit du *Linnœa*, 1842, p. 278 ; in *Ann. sc. nat.*, 2ᵉ s., t. XIX, p. 86, 1843.) Il semble aujourd'hui, grâce aux travaux de Weber et de Magnus, que les *Schinzia* se rattachent aux Ustilaginées. Le champignon des Légumineuses ne rappelle guère cette famille. Déjà auparavant, Frank ([25]) avait rangé provisoirement le champignon des Légumineuses dans le genre *Protomyces*. C'est aussi un type dont les affinités sont vagues et multiples. Plusieurs des espèces qui le composaient ont pris rang définitivement parmi les Ustilaginées, et le genre ainsi appauvri est considéré comme un précurseur des Ascomycètes. Mais les Ascomycètes à sporanges disséminés en des points quelconques des filaments, pourvus de spores en nombre probablement indéfini et de véritables kystes fonctionnant plus tard comme asques, soutiennent assez bien la comparaison avec des Chytridinées, surtout si l'on songe que la plante qui leur était rapportée ne présente aucun cloisonnement transversal dans ses hyphes. On peut donc dire qu'en rapportant le cryptogame dont le mycélium est répandu dans les tubercules à un *Cladochytrium,* nous ne sommes pas bien éloigné des appréciations reposant sur les observations les plus exactes de nos devanciers. Au reste, la question était de nouveau posée, puisque Frank lui-même ([27]) renonce à attribuer aux filaments des tubercules la nature de champignons.

Si cette espèce est réellement la cause des excroissances de *Galega,* il est peu probable que ce soit elle seule qui infecte toutes les Légumineuses. On se rappellera à ce sujet les expériences d'infection d'Hellriegel ([32]) et les conditions toutes spéciales dans lesquelles se trouvaient les lupins. Rappelons aussi que les filaments n'ont pas la même taille dans les différents types de Papilionacées. Il est vrai qu'un seul et même filament change de diamètre et d'aspect suivant la région considérée et se trouve bien plus étroit et plus contourné dans les cellules spéciales que dans l'écorce du membre générateur. Mais le champignon trouve des conditions de milieu beaucoup plus identiques dans les tissus correspondants de deux espèces différentes que dans les diverses régions d'un seul individu et l'adaptation à la symbiose nécessaire, qui explique suffisamment ses transformations morphologiques dans le premier cas, ne donne aucun renseignement sur l'origine de ces modifications si l'on considère les filaments différents de deux Légumineuses comme provenant d'un même cryptogame.

Il y a même des espèces, en tête desquelles se place le lupin lui-même, chez lesquelles on n'a pas observé de filaments. Récemment encore Brunchorst ([9]) mentionnait la même exception chez les *Phaseolus multiflorus, Podalyria, Machærium firmum, Inga ferruginea et Desmodium canadense.* Faut-il admettre avec Lundström ([43]) que la formation des tubercules, provoquée d'abord par des cryptogames, est devenue progressivement une propriété spécifique et s'est affranchie d'une intervention actuelle des organismes inférieurs ? Il nous semble plus prudent de réserver notre jugement sur ces observations négatives. Puisque les filaments ont été niés par de bons observateurs chez les espèces mêmes où ils sont très apparents, il est possible qu'ailleurs ils aient échappé aux recherches les plus attentives, à cause de leur forme particulière ou de leur petite taille. Frank laissait déjà soupçonner ([24]) la possibilité d'une confusion entre les plus fins filaments et les bactéroïdes. La famille des Chytridinées présente d'ailleurs une grande diversité dans son appareil végétatif.

Les conditions dans lesquelles les *Cladochytrium* se conservent et se propagent rendent suffisamment compte de la grande dispersion du champignon des Légumineuses.

Nous avons encore rencontré sur les tranches de *Galega* et de *Medicago* conservées dans l'eau un autre Cryptogame dont les affinités nous semblent assez peu claires, mais qui pourrait bien être au voisinage des Ustilaginées. Bien que nous n'ayons pu y démontrer un lien quelconque avec le champignon des tubercules, nous en donnons une reproduction (fig. 42-44) à titre de document. La membrane des tubes est toujours bien apparente ; le contenu, d'abord homogène, devient finalement granuleux, puis renferme de nombreuses boules réfringentes. Le filament, longtemps dépourvu de cloisons et muni de fréquentes anastomoses (fig. 42), émet latéralement des sphères presque sessiles, dont l'enveloppe est assez épaisse (fig. 44). Ces corps sporiformes sont, dans certains cas, assez régulièrement espacés. Ailleurs les excroissances (fig. 43) sont lobées et rappellent, d'une part les renflements irréguliers de certains hyphes des tubercules, de l'autre des rudiments de fruits de quelques Ustilaginées. Toutefois nous n'avons pu voir les lobes de ces masses devenir de véritables spores, leur contenu, comme celui des filaments, se transformant de bonne heure, faute d'aliment sans doute, en boules d'aspect graisseux ; sur les gros filaments qui portent ces expansions ramifiées, nous avons vu apparaître d'assez nombreuses cloisons.

Il ne suffit pas d'avoir établi que les filaments observés dans les renflements sont de nature mycélienne et qu'ils appartiennent peut-être au *Cladochytrium tuberculorum*. Il nous reste à démontrer qu'ils sont bien la cause de ces excroissances. A défaut d'infection expérimentale et de constatation directe de la pénétration du champignon dans la racine, nous pouvons établir par sa distribution la marche qu'il a suivie et arriver par cette constatation à un résultat positif.

Le trajet du cryptogame est très sinueux, en sorte que sur les coupes très fines il est impossible d'en saisir la continuité sur une grande étendue, et, d'autre part, l'opacité des tissus internes est trop complète pour qu'on puisse le discerner sur des sections un peu épaisses. L'emploi de l'acide formique concentré nous a permis de tourner cette difficulté. Ce réactif éclaircit complètement le contenu des cellules spéciales, sans altérer les éléments, comme le fait, par exemple, la potasse, qui a été proposée récemment par Pichi ([50]) pour le même objet. On peut même employer ensuite les matières colorantes telles que la fuchsine, l'éosine, le vert de méthyle, l'hématoxyline, etc., et rendre toute leur netteté au cytoplasme et au noyau éclaircis. Le vert d'iode a pour les hyphes une élection assez marquée; mais ces artifices de préparation sont eux-mêmes superflus, car les filaments ne pâlissent pas, comme les tissus où ils sont plongés, sous l'influence de l'acide formique; leur réfringence spéciale les fait ressortir ainsi que leurs nodosités, et rien n'est plus facile que de constater la continuité des filaments sous forme d'un réseau complexe cheminant de cellule en cellule dans les tissus les plus riches en bactéroïdes.

Si nous pratiquons des coupes transversales de la racine mère de manière à passer par l'axe d'un jeune tubercule encore plongé dans les tissus de celle-ci, nous découvrirons sans peine les filaments indiqués par Eriksson (fig. 20). Dans la cellule la plus externe, l'hyphe commence par un renflement analogue à ce qu'on observe quand une zoospore de *Cladochytrium* ayant pénétré dans un élément superficiel s'est arrondie avant de pousser son tube germinatif. Il est possible que les zoospores que nous avons vues s'enkyster sur un support inerte auraient perforé la membrane avant de se munir d'une coque cellulosique si elles avaient été à ce stade en présence d'une racine vivante. Le tube se renfle dès qu'il rencontre une cloison, puis la traverse, rampe plus ou moins en se dilatant au contact des diverses membranes, se ramifie un peu, mais suit dans son ensemble une direction radiale pour arriver sans grands détours au contact de l'endoderme. Dans leur trajet cortical, les hyphes sont, d'une façon générale, plus larges, munis d'une membrane plus distincte et d'un contenu plus granuleux que dans le tubercule lui-même et l'on pourrait se demander tout d'abord si c'est bien le même individu. Nous nous en sommes assuré directement.

Arrivé à l'endoderme, le filament traverse en droite ligne cette membrane en s'élargissant et s'aplatissant contre les deux parois de manière à rappeler un I en lettre capitale. La rigidité de l'hyphe à travers l'endoderme nous a paru générale, car nous l'avons retrouvée dans maintes espèces. Le même filament peut être suivi dans le péricycle et jusqu'au sein des cellules spéciales. Mais alors il devient plus étroit, plus homogène, tortueux et muni de renflements. En un mot, il revêt là seulement les caractères spéciaux en rapport avec l'union biologique intime qu'il contracte avec la plante.

Mais plusieurs cas se présentent dans la manière dont le mycélium se comporte dans le péricycle. Tantôt il aborde cette zone en face des vaisseaux, et alors il se produit aussitôt un cloisonnement actif de cette région prédisposée à évoluer en racine. Mais comme le point d'introduction du champignon est livré au hasard, il n'est pas rare que le filament pénètre au niveau du péricycle qui revêt le liber, c'est-à-dire en un point non rhizogène. Les propriétés anatomiques ne sont pas troublées pour cela ; mais le mycélium se répandant de plusieurs côtés sollicitera simultanément les cellules qui recouvrent deux bandes vasculaires voisines. Les racines doubles ou multiples, qui concourent à former les tubercules, prennent ainsi naissance. A côté des racines doubles normales résultant de la proximité des couches rhizogènes, dont Van Tieghem a si bien précisé la genèse, il y a donc lieu de distinguer des racines doubles d'origine infectieuse.

S'il s'agit d'espèces dont les cellules spéciales sont entourées d'une assise très mince de parenchyme ordinaire, comme le *Galega officinalis,* le tissu bactéroïdien s'étend jusqu'au voisinage du point de pénétration du filament infectant à travers l'endoderme.

Ailleurs, par exemple chez le *Trigonella hybrida,* bien que les faisceaux se disposent en un cercle unique et réalisent parfaitement le type de racine agrégée, monocyclique et astélique, le parenchyme opposé au liber n'a produit que très irrégulièrement les cellules spéciales. Sur une coupe transversale, la masse bactéroïdienne présente une profonde dépression comblée par des cellules transparentes traversées presque en droite ligne par un filament simple (fig. 23) qui continue la direction radiale de l'hyphe en I de l'endoderme, présente au niveau de chaque cloison deux évasements coniques opposés par la base, mais point de nodosités et fort peu de bifurcations. Ces dernières n'apparaissent que dans la région où les bactéroïdes deviennent prédominantes. Cette portion du mycélium n'est pas parfaitement adaptée à la vie en commun. Aussi la voit-on de bonne heure subir un commencement de résorption, surtout dans les parties externes.

Quant aux filaments de l'écorce, ils ne sont pas du tout adaptés à ce mode d'existence et, dès que leur extrémité s'est engagée dans le tissu jeune et s'est associée au développement du jeune membre tuberculeux, ils se vident et semblent même disparaître entièrement. En tous cas, on cherche souvent en vain dans l'écorce qui entoure les tubercules âgés des vestiges de ces filaments dont le rôle est accompli et l'on s'explique ainsi comment ils ont échappé aux investigations de certains botanistes éminents.

Relations du champignon et de la racine.

Dans quels termes le champignon est-il avec la racine ? Il est évident qu'il détermine d'une part une modification profonde de l'ensemble sans toutefois effacer les caractères morphologiques du membre, d'autre part une transformation très spéciale des tissus. Cette action morphogénique et histogénique est tout à fait comparable à l'excitation trophique produite par un insecte et manifestée par l'évolution commune d'une larve et des tissus végétaux qui l'entourent. Et c'est à des galles, en effet, que nos tubercules furent tout d'abord rapportés par Malpighi ([44]). Toutefois les galles entraînent un dommage plus ou moins accusé et méritent d'être rangées de ce chef dans les productions parasitaires.

Cornu ([18]) s'était demandé si l'on ne devait pas attribuer à la présence de ces renflements l'état de souffrance général des Légumineuses employées dans la grande culture, d'autant plus que les espèces vivaces, capables d'infecter directement les nouvelles générations, semblaient particulièrement atteintes. Mais déjà Tréviranus ([64]), sans connaître le cryptogame qui habite les nodosités, ne pouvait, comme de Candolle ([18]), y voir des productions morbides, parce qu'on les trouve régulièrement chez un grand nombre d'espèces en parfaite santé et qu'elles se développent en pleine période de végétation et de floraison. Pour le même motif, de Vries ([70]) refusait d'accorder aucun rôle aux champignons dans la production des tubercules ; pour lui, les filaments n'auraient pu qu'infecter les renflements déjà organisés.

Schindler ([56]) alla plus loin : il constata dans les milieux stérilisés une concordance entre l'absence de tubercules et un développement imparfait des pieds de vesce et de trèfle. Il ne peut guère être question d'une infection parasitaire, puisque les plantes anormales, affaiblies ou malades se montrent incapables de produire des tubercules, et nous ajouterons que la vigueur des excroissances et de leurs habitants est souvent en raison directe de celle de la plante qui les porte. Les organismes observés dans les tubercules pourraient bien être, non pas des parasites au sens vulgaire du mot, mais des productions symbiotiques, contribuant sans doute à élaborer des substances nutritives. Dans un travail ultérieur, Schindler ([57]), reprenant cette interprétation, rapproche les tubercules et leurs champignons des mycorhizes étudiés par Frank chez un grand nombre d'arbres, en particulier chez les Cupulifères. Toutefois cette opinion, fondée principalement sur des considérations d'ordre physiologique, n'était pas directement appuyée sur l'étude morphologique des organes, et Schindler pensait que le cryptogame symbiote était représenté par les bactéroïdes, les filaments étant pour lui, comme pour de Vries, des moisissures introduites accidentellement. Aussi ses convictions au sujet de la symbiose furent-elles ébranlées par la lecture du Mémoire de Brunchorst, où l'autonomie des bâtonnets était formellement contestée. Hellriegel est tout à fait d'accord avec Schindler, et l'idée d'une symbiose ressort clairement de ses expériences, sans qu'il ait de notion précise sur la nature de l'associé des racines ; il le suppose de nature microbienne.

Lundström ([43]) est plus affirmatif encore sur les liens symbiotiques qui unissent les Légumineuses aux cryptogames. Il range, en effet, les tubercules dans la catégorie d'organes qu'il nomme *domaties* ou produits d'une association mutualiste. Ce seraient des *mycodomaties*.

C'est bien à cette conclusion que nous sommes amené nous-même. Nous ne croyons pas toutefois que le terme domatie soit avantageux

pour le cas qui nous occupe. Mieux vaut employer celui de *mycorhize,*
car les radicelles tuberculeuses sont tout à fait analogues, au point
de vue de la morphologie comme de la physiologie, à ce que Frank
désigne sous ce nom. Les mycorhizes ordinaires, ceux de l'*Elapho-*
myces et du pin en particulier, offrent souvent ces ramifications
dichotomiques redoublées d'aspect coralloïde, qui sont plus ou
moins complètement reproduites par les tubercules de *Vicia, Robi-*
nia, etc. Frank a aussi indiqué dernièrement sous le nom de mycorhizes endotrophiques une variété commune chez les Éricinées et
depuis longtemps connue chez les Orchidées, dans laquelle le mycélium se développe, comme chez les Légumineuses, non pas à la périphérie de l'organe qu'il revêt d'une gaine spongieuse, mais à l'intérieur même des cellules.

Nous pouvons donc résumer d'un mot l'histoire des tubercules
radicaux des Légumineuses et de leurs habitants en les qualifiant de
mycorhizes endotrophiques ou *endomycorhizes.*

Fonctions.

Une des différences les plus saillantes entre ces organes et les racines ordinaires est la persistance indéfinie d'une poche autour des
portions latérales et d'une coiffe terminale ayant en grande partie la
même valeur, au début du moins, mais renforcée parfois aussi par
des tissus provenant de la radicelle elle-même, c'est-à-dire par une
calyptre. De là résulte l'absence complète d'assise pilifère. La surface
du mycorhize est donc dépourvue du tissu différencié dans les
racines en vue de l'absorption. Les tissus actifs de l'organe, aussi
bien que le champignon qui l'habite, sont isolés du milieu ambiant
par une enveloppe protectrice comme l'extrême pointe des racines
ordinaires. Dans ce sens, Gasparrini ([20]) avait raison d'y voir des
renflements spongiolaires. Seulement, le motif même qui pouvait les
lui faire envisager comme des formations susceptibles de s'imbiber
des liquides nourriciers nous force de leur refuser toute faculté de
cette nature; puisqu'on sait aujourd'hui que les spongioles des anciens servent essentiellement à protéger la pointe de la racine. A
cette théorie de l'absorption par les tubercules, Tschirch ([67]) a op-

posé, en dehors de la question de structure qui est absolument démonstrative, une série d'objections de grande valeur. Leur forme souvent arrondie, en réduisant à son minimum la surface de contact avec le milieu nutritif, les place dans les conditions les plus désavantageuses. Ces inconvénients sont encore accrus chez plusieurs espèces par leur situation dans les couches superficielles du sol, c'est-à-dire dans la région que les jeunes plantes épuisent tout d'abord. L'agglomération des tubercules dans un espace restreint est non moins inexplicable. Et puis on ne comprendrait pas que ces organes, capables d'épuiser en peu de temps leur domaine exigu, continuent à s'y développer plusieurs années dans les types vivaces. Les radicelles minces, toujours mélangées en grand nombre aux tubercules, jouent donc seules le rôle absorbant. Tout autre est la fonction des renflements.

L'examen des tubercules à différents âges nous a montré, comme l'avait déjà remarqué de Vries [70], qu'en toute saison ces organes renferment une notable quantité d'albumine; mais que cette quantité augmente ou diminue alternativement suivant les conditions de la végétation, tandis que l'amidon subit des changements sensiblement inverses. De Vries insiste sur le fait d'une nouvelle accumulation d'albumine à la fin de la période d'accroissement, alors que l'albumine primitive et l'amidon qui l'a immédiatement remplacée ont été résorbés. Cette nouvelle apparition d'albumine dans un tissu adulte occupant la région médullaire n'est pas un fait habituel. D'autre part, ces réserves albuminoïdes, on n'en saurait douter, trouvent leur emploi dans d'autres régions du corps. Les conditions mêmes de leur résorption, aussi bien que l'absence de toute espèce d'utilité pour les tubercules eux-mêmes le prouvent clairement. Il est assez probable que c'est dans cette albumine des tubercules que les graines trouvent les matériaux de leur réserve albuminoïde. On n'a pas, il est vrai, comparé directement l'azote total des graines avec l'azote total des tubercules. Le premier semble l'emporter si l'on considère le volume des graines; mais la différence est bien atténuée si l'on songe, comme l'a remarqué Brunchorst [9], que la proportion d'azote à volume égal est plus forte dans le tubercule plein que dans la graine : chez le lupin elle est, d'après **E.**

Wolff ([80]), de 7.25 p. 100 pour le premier, de 5.66 p. 100 pour la seconde. Ces chiffres concordent avec les données de Troschke qui a trouvé déjà 7.25 p. 100 d'azote total et 31.59 p. 100 d'albumine dans la matière sèche. On ne saurait admettre que cette énorme quantité d'albumine fût simplement un produit accessoire de transformation ; comme Schindler ([58]) le remarque avec raison, ce serait pour des matériaux formatifs si importants un fait sans exemple.

La présence des tubercules chez les espèces annuelles a paru à divers auteurs et déjà à de Vries, Schindler, etc., difficile à accorder avec l'opinion qui en fait de simples réservoirs. De Vries trouvait surtout extraordinaire leur apparition vers la fin de la période germinative, c'est-à-dire à une époque où toute la puissance végétative est d'ordinaire dépensée dans un rapide accroissement et où il n'y a pas de surplus à emmagasiner.

Les expériences d'Hellriegel ([32]) sur la végétation du pois dans un sol pauvre en azote sont venues jeter quelque lumière sur cette question. Dans ces conditions, on constate deux périodes de croissance nettement séparées. Tant que dure la semence, la plante croît régulièrement et offre la coloration normale ; mais une phase d'inanition succède à la consommation des réserves transmises par la plante mère et accumulées dans les cotylédons. Avant que la réserve de la graine soit épuisée, le pois a développé ordinairement six feuilles pennées. Il se trouve donc dans un état qui semble compatible avec une végétation normale et qui ne paraît pas de prime abord différer des conditions qui seront réalisées à la reprise de la végétation. L'absence ou le faible développement des radicelles tuberculeuses était la seule particularité propre à cette période. Il semble donc que les Légumineuses, au lieu de s'assimiler directement les matériaux introduits par les racines et les feuilles dans les divers tissus, les accumulent au sein des tubercules radicaux, du moins dans certaines circonstances. C'est de là que les parties de la plante les recevraient, comme elles les empruntaient aux cotylédons pendant la première période. Ce rapprochement entre le rôle des tubercules et celui des cotylédons indique comment ces réservoirs servent continuellement à l'individu et ont un rôle non moins accusé chez les plantes annuelles que chez les espèces vivaces, bien qu'à certaines époques de puissante consommation, ils puissent changer d'aspect plus rapidement qu'en temps ordinaire. Mais cette explication laisse subsister intacte la question de l'origine de cette masse de substance albuminoïde entassée dans les tubercules.

Les mycorhizes des Légumineuses sont-ils de simples entrepôts où s'accumulerait l'albumine entièrement élaborée par les organes ordinaires de végétation, et ces accumulateurs ont-ils pour unique fonction de retenir cette substance fabriquée ailleurs en excès à certains moments, pour la rendre au fur et à mesure des besoins et régulariser l'apport des matériaux aux organes en croissance? Cette opinion fut adoptée par Lachmann ([38]) et Nobbe ([48]). Tschirch ([67]) s'est rangé au même avis. Il pense que les Légumineuses, dont les racines s'étendent puissamment en largeur et en profondeur dans le sol, iraient au loin puiser les aliments exigés par les plantes ordinaires. Grâce à cette abondante distribution, elles réuniraient peu à peu ces substances disséminées dans une terre relativement pauvre, parce que chaque plante serait ainsi à même d'exploiter un volume de terre bien plus considérable que les céréales et la plupart des autres végétaux. Les tubercules fixés aux racines deviennent alors des réservoirs qui se remplissent lentement et graduellement pour se vider brusquement dans les périodes où la consommation doit être considérable en un temps limité, comme cela se passe à l'époque de la maturation des fruits. Après s'être vidés, ces tubercules se dessécheront comme des organes hors d'usage.

Cette explication est loin d'être applicable à tous les cas. Il est vrai que dans une même espèce, le nombre et la puissance des tubercules varient en raison inverse de la richesse du milieu en composés azotés directement assimilables par les plantes ordinaires, en nitrates par exemple ; les cultures dans l'eau et dans le sol l'établissent également. On pourrait en conclure que la possibilité d'une nutrition directe aux dépens du milieu extérieur dispense les Légumineuses de cette accumulation des principes azotés dans des organes spéciaux.

Mais toutes les Légumineuses sont loin de présenter un pareil développement de leur appareil radical, et si l'on peut supposer que la luzerne, la vesce, etc., vont chercher à de grandes profondeurs les moindres traces de nitrates pour les entasser dans leurs organes et déterminer même une augmentation sensible dans la proportion où ces sels se trouvent dans les couches superficielles, il est évident que les espèces dont les racines demeurent à fleur de terre sont dans de tout autres conditions.

Or, en comparant les quantités d'acide nitrique qui se trouvaient dans deux sols, dont l'un avait porté une récolte de *Trifolium repens* et dont l'autre avait fourni une bonne récolte de *Vicia sativa*, Lawes et Gilbert ([30]) trouvèrent que, entre les profondeurs de $0^m,22$ et $2^m,70$, le sol cultivé en vesces contenait beaucoup moins d'acide nitrique que celui qui avait porté le trèfle. Il semble donc que la vesce avait pris beaucoup d'azote nitrique, tandis que le trèfle à racines superficielles très chargées de tubercules en donnait plus au sol qu'il ne lui en prenait.

Hellriegel avait aussi ([32]) fait des cultures dans du sable pur auquel il ajoutait des doses connues d'engrais azotés et non azotés. Le développement des Graminées dans ces conditions paraît lié directement à la quantité d'acide nitrique qui existe primitivement dans le sol ou qui s'y forme pendant la saison de végétation, dans le cas où, au lieu d'ajouter des nitrates, on donne à la terre du carbonate de chaux et un sel d'ammoniaque ou une autre matière azotée convenable, telle que gélatine, corne pulvérisée, etc.

Dans des sols non azotés, mais bien pourvus de tous les autres principes nutritifs, où les Graminées sans exception mouraient de faim, incapables de mûrir leurs grains, les Papilionacées ont eu une végétation tout à fait normale et luxuriante. Mais, dans ces conditions, il y avait cette phase d'inanition dont nous avons déjà parlé, succédant à la première période de croissance aux dépens des réserves de la graine, et pendant laquelle les tubercules se développaient. Puisque c'est précisément pendant cette phase d'inanition, alors que tous les organes végétatifs étaient visiblement affamés, que les tubercules grandissaient et se gorgeaient d'albumine, il paraît bien difficile d'y voir de simples réservoirs. Comment les organes en croissance leur auraient-ils cédé un produit assimilable dont ils avaient eux-mêmes si grand besoin ? De cette observation on peut conclure, d'une part, que les substances emmagasinées dans les tubercules radicaux sont employées à nourrir la plante et à assurer la vigueur de ses principaux organes; de l'autre, que l'accumulation d'albumine s'y effectue après que les organes assimilateurs habituels, feuilles et racines, ont déjà acquis un certain développement, en partie aux dépens des réserves de la graine.

Chez des plantes qui, comme le mélilot, diffèrent du pois par leurs cotylédons verts et foliacés, les tubercules se forment de très bonne heure, avant même que la première feuille végétative unifoliolée se soit étalée à l'air, et l'on n'observe pas d'interruption dans les premiers stades de la végétation.

Après la première période, le développement des tubercules est nettement lié à la vigueur des plantes, et toutes les conditions défavorables à la nutrition générale, telles que la sécheresse (Tschirch), l'obscurité (Schindler), les blessures (Benecke), amènent également un arrêt dans l'évolution des mycorhizes.

Si les tubercules ne sont pas de simples dépôts, ce sont donc des fabriques d'albumine. C'est à cette théorie que se rangent aujourd'hui presque tous les physiologistes. Mais quant à l'origine des matières premières de cette élaboration, c'est une question qui est loin d'être résolue et sur laquelle règne un complet désaccord.

Pour Hellriegel ([32]), les Légumineuses auraient la faculté d'assimiler l'azote libre de l'air et les radicelles tuberculeuses, ainsi que les microorganismes qui sont en relations avec elles et que l'auteur suppose être des bactéries, seraient dans un rapport étroit avec la nutrition de la plante et en particulier avec la fixation de cet azote. Il base son opinion sur les considérations suivantes : les Légumineuses cultivées dans des milieux artificiels accumulent dans leurs tissus plus d'azote qu'il n'y en avait dans le support. D'autre part, il fit végéter un certain nombre de tiges de pois dans l'air ordinaire, d'autres dans l'air dépouillé d'ammoniaque et d'acide nitrique; il ne constata aucune différence entre les deux lots. Il lui semble aussi difficile de comprendre la période d'inanition, si les Papilionacées étaient capables de fixer les combinaisons azotées de l'atmosphère, attendu qu'une plante munie de six feuilles normales ne serait pas incapable tout d'abord d'utiliser une source d'azote aussi constante, aussi à sa portée que le sont les combinaisons azotées de l'atmosphère, si elle devait acquérir subitement cette faculté à un degré tel qu'on puisse lui attribuer tout le développement ultérieur. Il rappelle enfin l'opinion de Berthelot, suivant laquelle le sol renfermerait des organismes capables de faire la synthèse de l'azote libre de l'air, et celle de Salmi, Jodia, Hallier, pour qui de nombreux champignons pourraient faire entrer cet azote dans des combinaisons organiques. Ne serait-ce pas la même fonction qui serait accomplie, au profit des Légumineuses, par les microorganismes vivant en symbiose avec leurs racines? D'après Sorauer ([62]), le chimiste von Wolff s'est rangé à l'opinion d'Hellriegel.

De Vries ([70]) était plus disposé à admettre que les tubercules servent à prendre les aliments inorganiques azotés, aussi bien qu'à élaborer ces derniers en composés organiques. L'idée que les matières albuminoïdes emmagasinées dans les renflements radicaux proviennent de corps inorganiques, empruntés directement au sol, repose sur les bases suivantes. La possibilité d'une telle néoformation d'albumine dans les tubercules ressort de l'examen des conditions nécessaires à un tel acte. Au point de vue chimique, ces conditions sont la présence d'un composé organique non azoté, d'un composé inorganique azoté et d'un sulfate. Le premier est toujours représenté dans les racines par l'amidon, comme l'apprend l'examen microchimique. Les deux autres sont constamment tirés de la terre par les racines et, même si l'on admet que les tubercules ne peuvent pas les puiser eux-mêmes, ils leur arrivent par le plus court chemin. Au point de vue physiologique, les conditions de la formation de l'albumine nous sont inconnues; nous savons seulement qu'elle peut s'accomplir à l'obscurité. Autant que nous les connaissons, les conditions de la formation de l'albumine se trouvent donc réunies dans les radicelles tuberculeuses.

D'autres enfin croient que les tubercules forment de l'albumine aux dépens de substances organiques azotées. Brunchorst ([9]) embrasse cette théorie. Lawes et Gilbert ([30]) font à son sujet d'intéressants rapprochements entre la nutrition des Légumineuses et celle des Cupulifères pourvues de mycorhizes. Ils rappellent que, chez ces derniers organes, des corps amidés furent trouvés par Frank à l'extérieur de la gaine formée par le champignon qui se prolonge en filaments au travers des interstices du sol. Frank concluait que les arbres à chlorophylle prennent leur aliment au sol par l'intermédiaire du champignon. « Il existe donc là pour certaines plantes un système d'accumulation qui les relie très intimement aux champignons eux-mêmes ; et c'est par une action du sol qui caractérise les plantes sans chlorophylle, que les plantes à chlorophylle prennent au sol leur alimentation azotée. » Cependant ils ne pensent pas que ce phénomène puisse jeter aucune lumière sur la question de l'assimilation de l'azote par les plantes herbacées qui ne vivent pas d'habitude en symbiose avec les champignons ; mais, puisque les tubercules des Légumineuses sont de véritables mycorhizes, il n'y a pas de raison pour frapper cette famille de la même exclusion. C'est toujours dans les parties du sol voisines de la surface et riches en humus que cette action s'est manifestée ; aussi la même explication ne serait-elle pas absolument applicable aux Légumineuses dont les racines profondes se développent dans le sous-sol. Rappelons encore à ce sujet que les renflements prédominent souvent d'une façon marquée dans les couches les plus superficielles. On ne saurait affirmer *à priori* que les mycorhizes des Légumineuses ne puissent tirer parti des substances amidées contenues dans le sol ; mais il paraît bien certain, d'après les cultures sur des milieux artificiels, qu'ils peuvent fort bien se passer de ce genre de produits.

Le dernier mot n'est pas dit sur le rôle physiologique des tubercules radicaux des Légumineuses et nous n'avons pas la prétention de trancher cette question complexe. Nous croyons seulement qu'il n'était pas indifférent à la solution du problème d'établir exactement la structure et la valeur morphologique d'organes qui paraissent être à la fois des entrepôts et des fabriques de substances alimentaires. Puisque ces renflements sont des mycorhizes et des mycorhizes d'un type tout à fait spécial, on peut dire que les Légumineuses possèdent en elles un élément capable d'exercer sur le milieu aux dépens duquel elles vivent une tout autre action que les Phanérogames ordinaires.

INDEX BIBLIOGRAPHIQUE

1. — BENECKE. Ueber die Knöllchen an den Leguminosen-Wurzeln (*Botanisches Centralblatt*, t. XXIX, 1887).
2. — E. VAN BENEDEN. Recherches sur l'embryologie des mammifères. — La formation des feuilles chez le lupin (*Archives de Biologie*, t. I, 1880).
3. — BIVONA. *Pugill. plant. rar. Siculæ* (t. IV).
4. — BLOCHMANN. Ueber das Vorkommen bacterienähnlicher Körperchen in den Geweben und Eiern von Insecten (*Tagbl. der 60en Versamml. der Naturforscher und Ærzte*, 1887).
5. — BLOCHMANN. Même sujet (*Zeitschr. für Biologie*, t. XXIV; N. F., t. VI).
6. — R. BONNET. Die Uterinmilch und ihre Bedeutung für die Frucht (*Beiträge zur Biologie;* Stuttgard, 1882).
7. — R. BONNET. Ueber eigenthümliche Stäbchen in der Uterusmilch des Schafes (*Deutsche Zeitschrift für Thiermed.*, t. VII, 1882).
8. — BOUCHÉ. In *Botanische Zeitung*, 1852.
9. — J. BRUNCHORST. Ueber die Knöllchen an den Leguminosen-Wurzeln (*Berichte der deutschen botanischen Gesellschaft*, t. III, 1885).
10. — J. BRUNCHORST. Ueber einige Wurzelanschwellungen, besonders diejenigen von Alnus und den Elœagnaceen (*Unters. aus dem bot. Instit. zu Tübingen*, t. II, 1886).
11. — BUSCALIONI et MATTIROLO. Si contengono bacteri nei Tubercoli radicali delle Leguminose ? (*Malpighia*, t. I, 1887).
12. — A. P. DE CANDOLLE. *Prodromus*, t. II.
13. —   —   Mémoire sur les Légumineuses, 1825.
14. — CLOS. Ébauche de la rhizotaxie, 1848.
15. —   —   Du collet dans les plantes et de la nature de quelques tubercules (*Annales des sciences naturelles; Bot.*, 3e série, t. XIII, 1849).
16. — M. CORNU. Commission du Phylloxéra (Séance du 17 janvier 1876).
17. —   —   Études sur le *Phylloxera vastatrix* (*Mémoires de l'Académie des sciences*, t. XXVI, 1878).
18. — M. CORNU. Observations à (53) (*Bull. de la Soc. botanique de France*, t. XXVI, 1879).
19. — Jacques DALÉCHAMP. Histoire générale des plantes, trad. par J. des Moulins (Lyon, 1615).
20. — DECAISNE et LEMAOUT. Traité général de Botanique.
21. — DOODY. Cité par Dillenius (*Raji Syn.*, 3e édit.).

22. — Douliot et Van Tieghem. Origine, structure et nature morphologique des tubercules radicaux des Légumineuses (*Bull. Soc. bot. de France*, t. XXXV, 1er mai 1888).

23. — Eriksson. Studier öfver Leguminosernas rotknölar (Lund, 1874. et Résumé dans *Botan. Zeitung*, t. XXXII, 1874).

24. — B. Frank. Ueber die Parasiten in den Wurzelanschwellungen der Papilionaceen (*Bot. Zeitung*, t. XXXVII, 1879).

25. — B. Frank. In *Leunis Synopsi*.

26. —   —   Ueber die Quellen der Stickstoffnahrung der Pflanzen (*Berichte d. d. bot. Ges.*, t. IV, 1886).

27. — B. Frank. Sind die Wurzelanschwellungen der Erlen und Elœagnaceen Pilzgallen ? (*Berichte d. d. bot. Ges.*, t. V, 1887).

28. — Fries. *Systema mycol.*, t. II.

29. — G. Gasparrini. Osservazioni sulla struttura dei tubercoli spongiolari di alcune piante leguminose (*Lette all' Ac. di Napoli*, 1851).

30. — Gilbert et Lawes. État actuel de la question des sources d'azote de la végétation (traduit de l'anglais in *Annales agronomiques*, t. XIV, 1888).

31. — Heiden. Welche Stickstoffquellen stehen den Pflanzen zu Gebote ? (*Landwirths. Versuchsst.* — Leipzig, 1874).

32. — Hellriegel. Tageblatt der Naturforscher-Versammlung zu Berlin, 1886.

32 *bis*. — O. Hertwig. Ueber das Vorkommen spindeliger Körper im Dotter junger Froscheier (*Morphologisches Jahrbuch*, t. X, 1884).

33. — Kny. Sitzber. des botan. Vereins der Provinz Brandenburg, 1877.

34. —   —   Ueber die Wurzelanschwellungen der Leguminosen und ihre Erzeugung durch Einfluss von Parasiten (*Ibid.*, 1878).

35. — Kny. In dem Aufsatze des Herrn Prof. B. Frank (²⁴) (*Bot. Zeitung*, t. XXXVII, 1879).

36. — Kolaczeck. Lehrbuch der Botanik, 1856.

37. — Kühn et Rautenberg. Vegetationsversuche in Lösungen (*Landwirths. Versuchsst.*, t. VI, 1864).

38. — Lachmann. Ueber Knollen an den Wurzeln der Leguminosen (*Landw. Mittheil. in Zeitschr. d. königl. Lehranstalt und Versuchsstation Poppelsdorf*, 1856).

Lawes. Voy. Gilbert (³⁰).

39. — Lecomte. Observations à (²²) (*Bull. Soc. bot. de France*, t. XXXV, 1888).

40. — Lohrer. Beiträge zur anatomischen Systematik (*Inaug.-Diss.* — Marburg, 1886).

41. — Lundström. Ueber symbiotische Bildungen bei den Pflanzen (*Bot. Centralbl.*, t. XXVIII, 1886).

42. — Lundström. Pflanzenbiologische Studien II. Upsal, 1887.

43. —   —   Ueber Mycodomatien in den Wurzeln der Papilionaceen (*Bot. Centralbl.*, t. XXXIII, 1888).

44. — Malpighi. *Anatome plantarum ; pars sec. De Gallis* (*Opera*, t. Ier, 1687).

45. — Marshall Ward. Cité par Lawes et Gilbert (³⁰).

46. — Mattei. Ancora sull' origine della Vicia Faba. — I. Bacteriocecidii. — Bologna, 1887.

Mattirolo. Voy. Buscalioni (¹¹).

47. — Molisch. Ueber merkwürdige Proteinkörper in den Zweigen von *Epiphyllum* (*Berichte d. d. bot. Ges.*, t. III, 1885).

48. — Nobbe. Vegetationsversuche in Boden mit localisirten Nährstoffen (*Landwirthsch. Versuchsst.*, 1868).

49. — Persoon. — Traité sur les champignons comestibles. — Paris, 1818.

50. — Pichi. Alcune osservazioni sui tubercoli radicali delle Leguminose (Nota prélim.) (*Atti della Società Toscana di scienze naturali*, 1888).

51. — Pirotta. Per la storia dei batteroidi delle Leguminose (*Malpighia*, 2ᵉ année, 1888, fasc. IV). [Paru trop tard pour être utilisé dans ce Mémoire.]

52. — Poiteau. Note sur l'*Arachis hypogea* (*Annales sc. nat.*, 3ᵉ série, t. XIX, 1853, pl. XV).

53. — Phillieux. Sur la nature et sur la cause de la formation des tubercules qui naissent sur les racines des Légumineuses (*Bulletin de la Soc. bot. de France*, t. XXVI, 1879).

54. — Phillieux. Observations à (²²) (*Bull. Soc. bot. de France*, t. XXXV, 1888). Rautenberg. Voy. Kühn (³⁷).

55. — Schenk. Opinion verbale rapportée par Frank (²⁴).

56. — Schindler. Zur Kenntniss der Wurzelknöllchen der Papilionaceen (*Bot. Centralbl.*, t. XVIII, 1884).

57. — Schindler. — Ueber die biologische Bedeutung der Wurzelknöllchen bei den Papilionaceen (*Journal für Landwirthschaft*, 33ᵉ année. — Berlin, 1885).

58. — Schindler. Ueber die Bedeutung der sog. Wurzelknöllchen bei den Papilionaceen (*Œst. landw. Wochenblatt*, 11ᵉ année, 1885).

59. — Schultz-Lupitz. Opinion verbale rapportée par Schindler (⁵⁷).

60. — Schwendener. Opinion verbale rapportée par Kny (³⁵).

61. — Sorauer. Handbuch der Pflanzenkrankheiten, etc.

62. — — Zusammenstellung der neueren Arbeiten über die Wurzelknöllchen und deren als Bakterien angesprochene Inhaltskörperchen (*Bot. Centralbl*, t. XXXI, 1887).

63. — Van Tieghem. Traité de Botanique.
— Voy. Douliot (²²).

64. — Tréviranus. Ueber die Neigung der Hülsengewächse zu unterirdischer Knollenbildung (*Bot. Zeitung*, t. XI, 1853).

65. — Troschke. *Wochenschrift der pommerschen ökonomischen Ges.*, 1884; et *Landwirthsch. Versuchsst.*, 1884).

66. — Tschirch. Nachrichten aus dem Klub der Landwirthe, 1887.

67. — — Beiträge zur Kentniss der Wurzelknöllchen der Leguminosen (*Berichte d. d. bot. Ges.*, t. V, 1887).

68. — Tschirch. Ueber die Wurzelknöllchen der Leguminosen (*Ges. naturw. Freunde zu Berlin*, 1887; et *Bot. Centralbl.*, t. XXXI, 1887).

69. — Tulasne. — Fungi hypogæi.

69 bis. — Vöchting. Opinion verbale rapportée par Benecke (¹).

70. — De Vries. Wachsthumgeschichte des rothen Klees (*Landw. Jahrbücher*, Berlin, t. VI, 1877).

71. — Vuillemin. Les unités morphologiques en botanique (*Assoc. française pour l'avancement des sciences*, t. XV, 1886).

72. — Vuillemin. Remarques sur le Mémoire de Lundström ([43]) (*Journal de botanique,* 1er avril 1888).

73. — Wahrlich. Beitrag zur Kentniss der Orchideenwurzelpilze (*Bot. Zeitung,* 1886).

74. — A. Wigand. Entstehung und Fermentwirkung der Bakterien (*Abschnitt II u. III.* — Marburg, 1884).

75. — A. Wigand. Bakterien innerhalb der geschlossenen Gewebe der knollenartigen Anschwellungen der Papilionaceenwurzel (*Bot. Heft. Forsch. aus dem bot. Garten zu Marburg,* 1887).

76. — Woronin. Ueber die bei der Schwarzerle und der gewöhnlichen Gartenlupine auftretenden Wurzelanschwellungen (*Mémoires acad. imp. des sc. de Saint-Pétersbourg,* t. X, 1866).

77. — Woronin. Observations sur certaines excroissances que présentent les racines de l'Aune et du Lupin des jardins (*Annales sc. nat.,* 5e série, t. VII, 1867).

78. — Woronin. *Plasmodiophora Brassicæ (Pringsheims Jahrbücher,* t. XI, 1878).

79. — — Opinion verbale rapportée par Kny ([35]).

80. — Wolff. Landwirthsch. Kalender, 1887.

81. — Wydler. *Flora,* 1860.

EXPLICATION DES FIGURES DE LA PLANCHE I.

(Les nombres placés entre [ ] à la suite de la légende indiquent le grossissement.)

1. — *Trifolium pratense.* — Radicelle chargée de tubercules [⅓].
2. — *Cracca minor.* — Tubercules dichotomes [⅓].
3. — *Melilotus macrorhiza.* — Coupe tangentielle d'une radicelle, passant par la base d'un tubercule (*e*, endoderme ; *p*, péricycle ; *l*, liber ; *b*, bois).
4. — *Trigonella hybrida.* — Coupe transversale d'un tubercule dans la région moyenne (*a*, zone corticale ; *b*, zone médullaire avec cellules spéciales ; *c*, gaine amylacée dans laquelle sont logés [*d*] les faisceaux) [30].
5. — *T. h.* — Faisceau isolé (lettres comme dans la fig. 3) [475].
6. — *T. h.* — Faisceau se bifurquant. Cloisonnement du péricycle (mêmes lettres) [475].
7. — *Dorycnium herbaceum.* — Faisceau à péricycle plurisérié (mêmes lettres) [475].
8. — *D. h.* — Fragment de tubercule (*a*, liège ; *b*, tissu cortical ; *c*, tissu médullaire ; *d*, cellules spéciales ; *e*, cellules amylacées ; *g*, grain d'amidon ; *n, n*, noyaux) [224].
9. — *Medicago disciformis.* — Fragment d'une coupe longitudinale de tubercule, montrant l'insertion d'une racine double (*r*, racine mère) [67].
10. — *Medicago lupulina.* — Dichotomie d'un cordon ligneux dans le tubercule [158].
11. — *Dorycnium herbaceum.* — Noyau d'une cellule spéciale (*a*, granulations chromatiques ; *b*, nucléole) [650].
12. — *Vicia hirsuta.* — Cellule spéciale d'une tranche laissée dans l'eau depuis 24 heures ; le réseau cytoplasmique est en partie détruit ; on voit des boules granuleuses dans les mailles [650].
13. — *V. h.* — Cellule traitée de la même façon, dans laquelle le réseau cytoplasmique est devenu très apparent [650].
14. — *V. h.* — Fragment du réseau cytoplasmique [1850].
15. — *Melilotus macrorhiza.* — Bactéroïdes provenant de la dissociation du réseau cytoplasmique [1850].
16. — *Trifolium pratense.* — Bactéroïdes présentant des granulations très réfringentes [650].
17. — *T. p.* — Filaments mycéliens (*a a*, membranes cellulaires) [650].
18. — *Vicia hirsuta.* — Filaments traversant de nombreuses cellules [650].

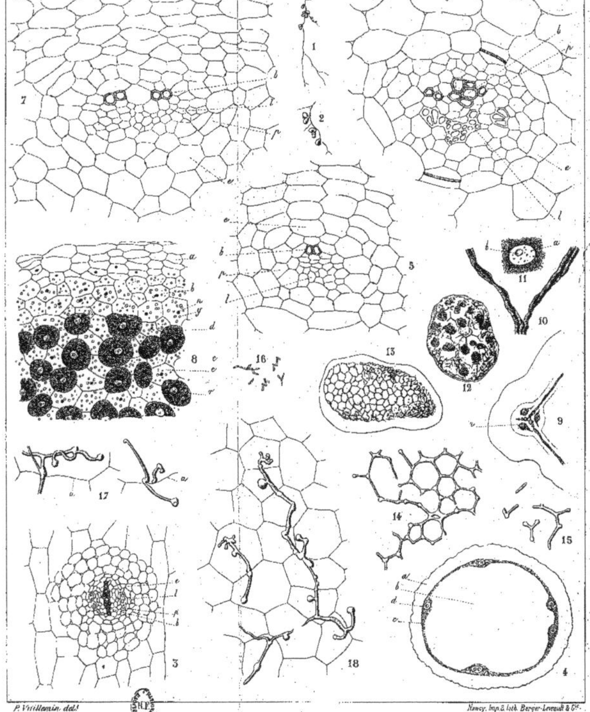

EXPLICATION DES FIGURES DE LA PLANCHE II.

19. — *Galega officinalis*. — Coupe passant par l'axe d'une radicelle tuberculeuse simple (a, b, c, d comme dans la fig. 4 ; f, filament infectant ayant pénétré en face du bois du pivot) [67].
20. — Même coupe. — Région de l'écorce traversée par le filament infectant (a, endoderme ; b, cellule spéciale dans laquelle le filament a pénétré) [475].
21. — *G. o.* — Coupe passant par l'axe d'une radicelle tuberculeuse double (b, tissu bactéroïdien ; c, tissu cortical amylacé ; e, endoderme ; f, filament infectant ayant pénétré en face du liber du pivot) [155].
22. — *Medicago disciformis*. — Jeune sporange dans un vieux tubercule [650].
23. — *Vicia hirsuta*. — Renflement qui paraît être un jeune sporange [650].
24. — *V. h.* — Filament de tubercule portant un sporange isolé par une cloison [650].
25. — Autre sporange dont la membrane est en partie détruite [650].
26. — Autre sporange qui, après s'être isolé par une cloison, émet un tube (comme certains sporanges de *Mucor*) [650].
27. — *Dorycnium herbaceum*. — Membrane d'une cellule spéciale traitée par le chloro-iodure de zinc [475].
28. — *Melilotus officinalis*. — Première apparition de l'amidon dans une cellule spéciale d'un tubercule très jeune [650].
29. — *Vicia sepium*. — Cellule spéciale remplie d'amidon [650].
30. — *Melilotus officinalis*. — Jeune cellule spéciale [650].

Cladochytrium tuberculorum, *sp. nov.*

31. — Filament portant un sporange [650].
32-34. — Stades successifs de la formation des zoospores [650].
35. — Zoospores isolées et zoospores copulées [650].
36. — Zoospore amplifiée.
37. — Zoospore enkystée [650].
38. — Séparation de zoospores copulées.
39. — Zoospore affranchie de son conjoint, expulsant des particules solides avant de s'enkyster.
40. — Chronispore en formation à l'extrémité d'un filament [550].
41. — Chronispores mûres encore entourées de la membrane primitive du filament [650].
42-44. — Filaments munis d'anastomoses et d'excroissances sphériques ou lobées, observés sur des tranches de tubercules de *Medicago disciformis* conservées dans l'eau [650].

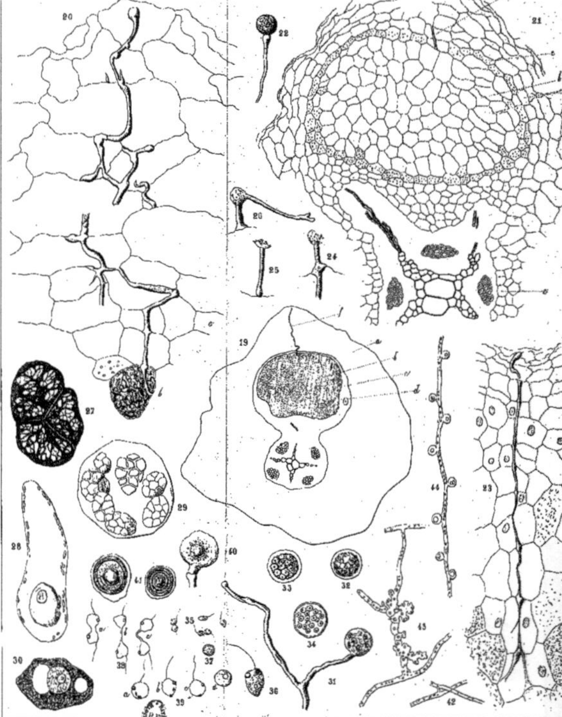

9 782019 710613